稻纹枯病 1. 病株前期 2. 病株后期 3. 病株表面附生菌核及白色粉状子实层 4. 病叶 5. 稻丛基部蛛丝状菌丝及结生菌核状

稻小球菌核病 6. 病丛 7. 叶鞘及茎腔内形成的菌核 8. 菌核

稻小黑菌核病 9. 叶鞘及茎腔内形成的菌核 10. 菌核

稻白叶枯病 1.枯心型 2.病叶初期 3.粳稻病叶 4.籼稻病叶
5.中脉型 6.细菌溢脓

稻细菌性条斑病 7.病叶前期 8.病叶后期

稻粒黑粉病 1.病穗 2.病粒
稻 曲 病 3.病穗 4.病粒(其上附生有菌核) 5.病粒剖面

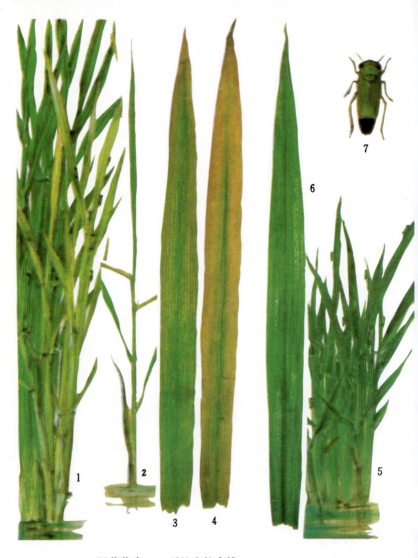

稻黄萎病 1. 稻丛中的病株

稻黄矮病 2. 病株 3. 病叶前期 4. 病叶后期

稻普通矮缩病 5. 病丛 6. 病叶 7. 黑尾叶蝉

二化螟 1.枯鞘及枯心 2.枯孕穗 3.白穗 4.虫伤株 5.成虫 6.成虫头部侧面观(额部有1个突起) 7.卵块 8.幼虫 9.蛹 10.成虫停息状

芦苞蛾 11.成虫 12.成虫头部侧面观(额部有2个突起)

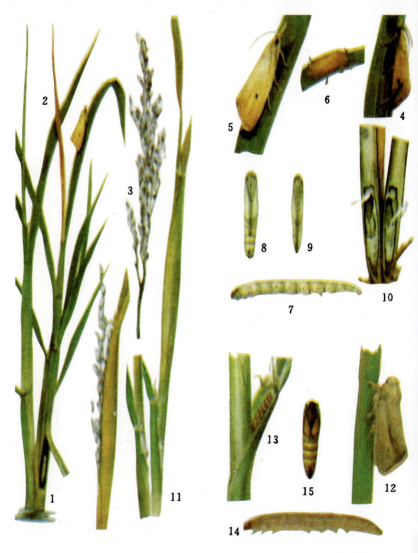

三化螟 1.枯心苗 2.新枯心 3.白穗 4.雄蛾 5.雌蛾 6.卵块及蚁螟 7.幼虫 8.雌蛹 9.雄蛹 10.化蛹部位
大 螟 11.水稻被害状 12.成虫 13.卵块 14.幼虫 15.蛹

稻纵卷叶螟 1.水稻被害状 2.初孵幼虫为害状 3.雌蛾 4.雄蛾 5.卵 6.幼虫 7.蛹

显纹稻纵卷叶螟 8.成虫

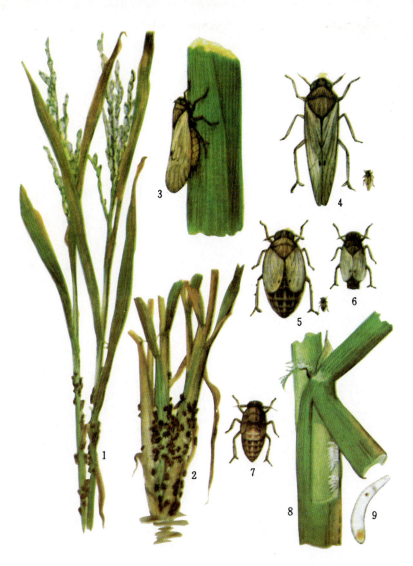

褐稻虱 1. 水稻被害状 2. 稻丛基部群集为害状 3. 停在叶鞘上的成虫 4. 长翅型成虫及原大 5. 短翅型雌成虫及原大 6. 短翅型雄成虫 7. 若虫 8. 产于叶鞘组织内的卵块 9. 卵粒

全国"星火计划"丛书

杂交稻高产高效益栽培

主 编

费槐林 胡国文

副主编

许德海 沈 瑛

编著者

(以姓氏笔画为序)

王德仁　叶复初　许　立　许德海
应继峰　李振宇　沈　瑛　张慧廉
林贤青　金千瑜　胡国文　禹盛苗
费槐林　章秀福

本书被评为'97全国农村
青年最喜爱的科普读物

金盾出版社

内 容 提 要

本书由中国水稻研究所费槐林、胡国文研究员主编。内容包括杂交稻的生育特点、种植制度、优良品种组合,杂交早中晚稻高产栽培技术,杂交稻轻简栽培的若干种植方法以及杂交稻病虫草鼠害的防治技术。书中围绕稳定增产粮食,不断提高经济效益,介绍了杂交稻生产和制种的技术措施,体现了若干近期科研成果,可供广大稻农和农场、部队农副业生产人员以及农校师生阅读。

图书在版编目(CIP)数据

杂交稻高产高效益栽培/费槐林,胡国文主编.—北京:金盾出版社,1995.9
ISBN 978-7-5082-0095-8

Ⅰ.杂… Ⅱ.①费…②胡… Ⅲ.水稻,杂交-栽培 Ⅳ.S511.04

金盾出版社出版、总发行

北京太平路5号(地铁万寿路站往南)
邮政编码:100036 电话:68214039 83219215
传真:68276683 网址:www.jdcbs.cn
彩色印刷:北京精彩雅恒印刷有限公司
黑白印刷:北京金盾印刷厂
装订:兴浩装订厂
各地新华书店经销
开本:787×1092 1/32 印张:5.25 彩页:8 字数:108千字
2011年6月第1版第8次印刷
印数:85001—90000册 定价:9.00元

(凡购买金盾出版社的图书,如有缺页、
倒页、脱页者,本社发行部负责调换)

《全国"星火计划"丛书》编委会

顾问:杨 浚
主任:韩德乾
第一副主任:谢绍明
副主任:王恒璧 周 谊
常务副主任:罗见龙
委员(以姓氏笔画为序):

向华明 米景九 达 杰(执行) 刘新明
应曰琏(执行) 陈春福 张志强(执行)
张崇高 金 涛 金耀明(执行) 赵汝霖
俞福良 柴淑敏 徐 骏 高承增 蔡盛林

序

经党中央、国务院批准实施的"星火计划",其目的是把科学技术引向农村,以振兴农村经济,促进农村经济结构的改革,意义深远。

实施"星火计划"的目标之一是,在农村知识青年中培训一批技术骨干和乡镇企业骨干,使之掌握一二门先进的适用技术或基本的乡镇企业管理知识。为此,亟需出版《"星火计划"丛书》,以保证教学质量。

中国出版工作者协会科技出版工作委员会主动提出愿意组织全国各科技出版社共同协作出版《"星火计划"丛书》,为"星火计划"服务。据此,国家科委决定委托中国出版工作者协会科技出版工作委员会组织出版《全国"星火计划"丛书》并要求出版物科学性、针对性强,覆盖面广,理论联系实际,文字通俗易懂。

愿《全国"星火计划"丛书》的出版能促进科技的"星火"在广大农村逐渐形成"燎原"之势。同时,我们也希望广大读者对《全国"星火计划"丛书》的不足之处乃至缺点、错误提出批评和建议,以便不断改进提高。

《全国"星火计划"丛书》编委会

前 言

农业是国民经济的基础,保证粮食持续增产,保证农民不断提高经济效益,是关系到国富民强的头等大事。水稻是我国最重要的粮食作物之一。它的种植面积约占粮食播种面积的30%,稻谷总产量接近粮食总产量的44%。在水稻生产中,杂交水稻又占重要地位,近几年杂交水稻的种植面积相对稳定在2亿多亩,约占水稻面积的50%左右,总产量约占稻谷总产量的65%。因此,种足种好杂交水稻,对我国的粮食生产,同样具有举足轻重的影响。提高水稻单产,增加总产,涉及多方面的综合因素,其中普及科学知识,促进劳动者掌握现代技术,是一项重要的基础建设。为此,我们组织与邀集了从事杂交水稻研究与生产的科技工作者,围绕高产、优质、高效、省力、少耗的要求,综合了近期的科研成果和高产经验,编写了这本科普读物。全书围绕杂交稻的高产栽培,由概述、轻简栽培、传统栽培、病虫草鼠害防治4部分组成。侧重介绍操作技术,结合阐明基本原理,以适应广大读者和普及科学知识的需要,共同为促进粮食生产上新台阶,为提高经济效益做出贡献。

本书各章节写作分工:费槐林写前言、第一、第八章;应继峰、费槐林写第二章;金千瑜、王德仁写第三章;张慧廉、叶复初、李振宇写第四章;许德海写第五章;许立写第六、第十二章;章秀福写第七、第九章;禹盛苗写第十章;林贤青写第十一章;沈瑛、胡国文写第十三章。书中病虫彩图引自浙江科技出版社的《植物医院系列丛书》。

现在全国种植杂交稻,分布极为广泛,栽培情况复杂,技术差异很大,限于作者水平,难免存在不妥或错误之处,敬请读者指正。

编 者

1995.5.28

目 录

前言
第一章 杂交稻在粮食生产中的意义 ……………………（1）
第二章 杂交稻的生育特点及产量形成 ………………（4）
　一、杂交稻的生育进程……………………………（5）
　二、杂交稻的生育特性……………………………（8）
　三、杂交稻的产量形成……………………………（10）
第三章 杂交稻的种植制度 ……………………………（14）
　一、杂交稻种植制度的概况………………………（14）
　二、实行杂交稻种植制度在"两高一优"农业中的作用
　　………………………………………………（16）
　三、杂交稻田主要高产复种方式及其配套技术………（18）
第四章 杂交稻优良新组合 ……………………………（22）
　一、杂交早稻新组合………………………………（23）
　　威优华联2号 ……………………………………（23）
　　一优323 …………………………………………（24）
　　威优402 …………………………………………（26）
　　威优48-2 …………………………………………（28）
　二、杂交中、晚稻新组合…………………………（29）
　　威优64 ……………………………………………（29）
　　汕优36辐 …………………………………………（29）
　　威优6号 …………………………………………（30）
　　汕优6号 …………………………………………（31）
　　汕优桂33 …………………………………………（31）
　　汕优63 ……………………………………………（32）
　　D优63 ……………………………………………（32）

· 1 ·

威优 46 …………………………………………………（33）
　　汕优 10 号 ………………………………………………（33）
　　协优 46 …………………………………………………（34）
　　汕优桂 99 ………………………………………………（34）
　　汕优多系 1 号 …………………………………………（35）
　三、粳型杂交稻组合 ………………………………………（36）
　　寒优湘晴 ………………………………………………（36）
　　寒优 1027 ………………………………………………（36）
　　七优 2 号 ………………………………………………（37）
　　六优 C 堡 ………………………………………………（37）
　　六优 1 号 ………………………………………………（38）
　　秀优 57 …………………………………………………（38）
　　70 优 9 号 ………………………………………………（39）
　　泗优 422 …………………………………………………（39）
第五章　杂交早稻高产栽培技术 ……………………………（40）
　一、杂交早稻的发展 ………………………………………（40）
　二、杂交早稻高产高效的指标 ……………………………（41）
　三、杂交早稻亩产 500 千克的优化栽培技术 ……………（43）
第六章　杂交中稻高产栽培技术 ……………………………（51）
　一、杂交中稻高产群体的生理生态指标 …………………（52）
　二、栽培技术 ………………………………………………（53）
第七章　杂交晚稻高产栽培技术 ……………………………（62）
　一、杂交晚稻的主要优点 …………………………………（62）
　二、杂交晚稻栽培的特点 …………………………………（63）
　三、杂交晚稻高产的必要条件 ……………………………（64）
　四、多蘖壮秧的培育技术 …………………………………（66）
　五、早发稳长,建立高产群体的技术 ……………………（71）

  六、中后期管理技术……………………………………（75）
第八章　杂交粳稻高产栽培技术……………………（78）
  一、杂交粳稻的主要特征特性…………………………（79）
  二、杂交粳稻高产的关键技术…………………………（80）
第九章　杂交稻直播技术……………………………（83）
  一、杂交稻直播的特点…………………………………（84）
  二、杂交稻直播的类型…………………………………（86）
  三、直播杂交稻的生育特性……………………………（87）
  四、杂交稻直播技术……………………………………（88）
第十章　水稻抛秧栽培技术…………………………（95）
  一、抛秧栽培的特点……………………………………（95）
  二、抛秧稻株的生育特性………………………………（96）
  三、抛秧栽培的育秧方法………………………………（98）
  四、抛秧栽培的方法……………………………………（100）
  五、抛秧栽培的关键技术………………………………（101）
第十一章　杂交稻旱育秧宽行插技术………………（106）
  一、杂交稻旱育秧宽行插的技术特点…………………（107）
  二、旱育秧宽行插杂交稻的生育特性…………………（108）
  三、杂交稻手插旱育苗的苗床管理……………………（109）
  四、杂交稻机插旱育苗的苗床管理……………………（112）
  五、杂交稻宽行插大田管理技术………………………（114）
第十二章　杂交稻再生高产技术……………………（116）
  一、再生杂交稻的特点…………………………………（117）
  二、再生杂交稻的生育特性……………………………（117）
  三、再生杂交稻生长发育与环境条件…………………（119）
  四、再生杂交稻的栽培技术……………………………（120）
第十三章　杂交稻病虫草鼠害的防治技术…………（125）

一、杂交稻的主要病害防治 …………………… (126)
　稻瘟病……………………………………………… (126)
　稻纹枯病…………………………………………… (128)
　稻白叶枯病………………………………………… (129)
　水稻细菌性条斑病………………………………… (131)
　稻曲病……………………………………………… (133)
　稻粒黑粉病………………………………………… (134)
　稻叶鞘腐败病……………………………………… (135)
　病毒病……………………………………………… (136)
二、杂交稻的主要虫害防治 …………………… (138)
　二化螟……………………………………………… (138)
　三化螟……………………………………………… (139)
　大螟………………………………………………… (141)
　稻纵卷叶螟………………………………………… (142)
　稻飞虱……………………………………………… (143)
　稻苞虫……………………………………………… (145)
三、杂交稻田草害的防治 ……………………… (147)
四、农田鼠害的防治 …………………………… (148)

第一章　杂交稻在粮食生产中的意义

杂交水稻的培育成功和大面积应用于生产,是一项具有世界先进水平的科研成果。1981年,这项科研成果荣获国家第一个特等发明奖。生产实践证明,杂交水稻具有明显的根系优势、分蘖优势和穗粒优势,因而具有较大的生产潜力。推广杂交水稻是发展我国粮食生产的一项重大战略措施,特别是近几年来,在粮食生产的恢复和发展过程中,起到了重要作用。据农业部杂交水稻专家顾问组统计,自1976年大面积推广以来,到1994年止的19年间,累计推广24亿多亩,按每亩比常规稻增产100千克计算,增产粮食达2400亿千克。1985年以来,我国粮食生产连年徘徊,粮食的产需矛盾突出,为突破这一局面,杂交水稻尤其做出了重要贡献。据统计,1994年全国杂交水稻占全国水稻面积的50%,产量却占稻谷总产的65%。杂交稻在各造稻谷生产中所占比例是不平衡的,如1991年杂交水稻的种植面积为2.6亿亩,占全国水稻面积的53%,其中杂交早稻为4 768万亩,占早稻面积的34.8%;一季杂交中稻为11 657万亩,占中稻面积的57.2%;杂交晚稻为9 657万亩,占双季晚稻面积的66.3%,说明各熟杂交水稻,只要有适宜的优良组合,还有可能扩大面积,特别是杂交早稻进一步发展的潜力更大。

杂交水稻的单位面积产量,多年来一直保持稳产高产,平均亩产在440千克左右,但是,在组合之间、田块之间、季节之间、地区之间也是不平衡的。因此,进一步改善环境条件,改进栽培技术,提高现代技术到位率和培育、推广新的更高产优质组合,进一步增加单产,平衡增产的潜力很大,前景广阔。

目前,对于杂交稻的品质,特别是杂交早稻的米质,各方面人士都很关注。必须指出,对于稻米品质,在粮食紧缺情况下是次要问题,在粮食相对充裕时这个问题才突出起来。而且稻米品质也是相对的,即使是同一品种在不同地区、不同栽培季节也会有不同表现。一般说,作为中晚稻栽培的米质要优于早季栽培。昼夜温差大的条件下灌浆结实的米质要优于温差小的米质。北方的米质要优于南方的米质。新米又优于陈米。从全国范围看,也并不是全部早季杂交米的各项品质都差,更不是所有地区都有米质问题,事实上有些组合作为商品稻米,其加工品质不理想,精整米率低,但食味品质还是可以的。也有些组合,如博优系列、协优46等,质量还是好的,所以不能一概否定。由于米质优劣是遗传特性和环境因素影响的综合表现。所以米质问题的根本解决,也要从这两方面着手。首先在科研部门,要加快选育高产、优质、多抗、早熟的新组合。同时,要高度重视环境因素的影响,积极改进栽培技术,特别是在灌浆阶段,注意避高温、防低温,后期不贪青、不割青,以利于减少青米、死米、秕米、着色米,促进稻米品质的提高。

根据当前水稻生产新情况、新形势的分析,杂交水稻生产发展趋势,一定要符合高产、优质、高效,适应商品经济的需要。并从过去通过扩大面积增加总产,转变到通过提高单产,稳定增加总产的新目标。因此,提高杂交水稻的科学种植水平,就显得更为重要。

目前我国杂交水稻单位面积产量,已经与世界高产水稻国家的水平并驾齐驱了。在此基础上实现更高产的难度是大的。为此,更有必要重新认识杂交水稻的优势,以进一步利用其优势,发挥其优势。在高产中寻求薄弱环节,在薄弱环节中研究差距,在差距上挖掘杂交水稻的增产潜力。只要认真探索,不断更新组合,改进栽培技术,提高杂交水稻的群体质量,发挥个体生产力,中、低产可以变高产,高产的也可以超高产。例如,1994年中国水稻研究所推出新育成的籼粳亚种间杂交水稻新组合协优413,采用良种良法相结合,许多试点出现大面积高产,单季种植亩产超过650千克,连作晚稻栽培达550千克以上。当然,实现高产稳产是一项很复杂、很细致的工作,它涉及多部门、多学科的共同配合,密切协作。从技术上说,根据不同种植制度,选好组合,培育地力,因种、因茬育壮秧,保全苗,攻足穗,促大穗,增粒重,运用好轻简栽培配套措施,对实现高产尤为重要。

随着时代的进步,国家经济建设的发展,商品经济的兴起和人民生活条件的改善,对杂交稻栽培提出了新的要求,它必须是高产、高效、省工、省力、投资少相统一,即在高产的基础上实现高效,在高效的前提下,力求省工省力省钱,达到提高土地产出率,提高劳动生产率,提高经济效益,提高商品率,才能符合新一代农民的愿望,保证农业特别是粮食生产的持续发展,适应国家建设的需要。在这一背景条件下,一种新的杂交稻栽培技术体系,即轻简栽培或称轻型栽培,已在全国稻区进行试验、示范、推广。这里的"轻"是指劳动的投工量要少,劳动的强度要小。"简"是指劳作的程序要减少,劳作的方法要简单,同时又能实现高产高效的种稻技术体系。这种栽培方法,是根据杂交稻生长发育的客观规律,针对当地具体生态条件,依托现代科学技术,综合运用配套规范措施,来实现持续的稳产、高产和高效、增效。它与传统种稻法相比较,是可以减少一些劳力投入,减少一些能耗,减少一些成本。有助于稳定农业,协调发展一、二、三产业,有助于发展粮食生产,提高商品率,有助于扩大经营规模。采用这一新技术,需要相应的"四配套"条件,即因地、因季制宜,多种的种植技术、方法、管理相配套;优良组合(品种)、农艺技术、农业机械相配套;农业技术的培训、现场指导、全程服务相配套;还有农技政策、物资供应、必要资金保障相配套。有了这"四配套",才能保证农民在实施过程中,提高技术到位率,在大面积示范推广中,达到预期的效果。

轻简栽培技术的内涵也比较丰富,它包括轻简的种植方法、轻简的育秧技术、轻简的耕作措施,还有轻简的田间管理,等等。

在轻简栽培的种植方法方面,有水稻的直播、抛秧、再生、机械栽培及宽行稀植等多种轻简栽培形式。这方面有关部门已开始探索,并取得一些经验。本书后面在介绍杂交稻栽培的基础上用一些篇幅围绕杂交稻的轻简种植方法进行具体的专题介绍。当然,轻简栽培还正在发展,对它的认识也不全面、不深刻,还有待进一步探索、发掘、总结和提高。

第二章 杂交稻的生育特点及产量形成

杂交稻高产高效栽培是指单位面积产量高,单位投入的产出率高,既要稻谷产量多,又要经济效益好。由于杂交水稻大田生产用的种子,是由水稻雄性不育系和水稻雄性不育恢复系配制而成的杂种第一代,所以它的生长发育和常规稻相比,既有共同特点,也存在着明显差异。按照水稻一生的生育进程,杂交水稻也分为两个阶段四个时期。即营养生长和生殖生长两个阶段,及幼苗期、分蘖期、幼穗形成期、开花结实期。而在生育进程的衔接,长势长相的优势表现是有所差别的。

一、杂交稻的生育进程

(一)**营养生长阶段** 营养生长是指植株根茎叶等营养体的生长,其间包括幼苗期和分蘖期。一般幼苗期比较稳定,从种子萌动,出现芽鞘,尔后出生不完全叶,直到第三片真叶展开,均属幼苗期。经历的时间,因播种季节的不同而有较大差异,少者10天左右,多者达20天左右。分蘖期的时间长短变动较大,因组合特性、种植季节的不同,而有很大差别。通常从主茎第四叶出生、生长时,开始发生分蘖,一直要到最后(或倒数)第三或第四叶出生时,分蘖才停止发生,经历的时间,少的20来天,多的可达40余天。杂交水稻主茎一般能发生分蘖的节位,少的有7~8个,多的可达14~15个以上。而且在分蘖上又能产生第二次蘖或第三次蘖。其中有的可以成穗,称有效分蘖,也有不少不能成穗,称无效分蘖。而且有的主茎节位由于多种因素,可以不发生分蘖,形成一个所谓"分蘖空位"。按主茎发生分蘖的节位不同,可以分成低节位、中节位、高节位及拔长节位4种情况。高产栽培的要求,是尽可能利用低节位、中节位分蘖,以利于形成足穗、大穗。生产上所说的秧苗期,是指移栽条件的幼苗期及部分低节位或少许中节位分蘖期。

(二)**生殖生长阶段** 是指稻穗、颖花、籽实的发育与形成,包括幼穗发育期及开花结实期。幼穗发育期,要经过穗轴、枝梗、颖花、雌雄蕊花粉的分化、发育、形成、完成等时期,直到抽穗为止。经历的天数因组合、种植季节的不同而有差别。杂交稻大体从 27 天到 34 天,一般 30 天左右。这个时期的水稻生长发育,既要进行幼穗形成的生殖生长,又要进行最后 3 片多叶的出生与成长的营养生长,是营养生长和生殖生长的并进时期,对外界环境条件的反应比较敏感,容易受旱、涝、低温的影响。开花结实期,在抽穗前一两天,穗颈节间及剑叶节间迅速伸长,将稻穗向上推,到稻穗被推出剑叶鞘 1 厘米时叫抽穗,在抽穗的当天或第二天便开始开花,花粉散向同粒颖花的柱头上,逐步完成胚和胚乳的受精过程,前后历时需 5～6 小时,尔后再发育成米粒。通常全田齐穗的时间需 5～7 天。当全田穗数抽出 10% 时称为抽穗始期,抽出 50% 时称为抽穗期,抽出 80% 时为齐穗期。安全抽穗扬花的温度要求,籼型杂交水稻为日平均温度连续 3 天在 23℃ 以上,粳稻为 20℃ 以上。米粒成熟过程即结实期,可以分为:乳熟期,此期米粒中充满白色淀粉浆乳;蜡熟期,其胚乳由乳汁状逐渐变硬实,颖壳绿色渐褪,逐步转黄色;完熟期,谷壳全部变为黄色,米质呈坚硬,这是适宜的收获期。由于杂交水稻穗形大,着粒多,强势花灌浆早而快,弱势花灌浆迟而慢,因此,具有两次灌浆的特点。

水稻的营养生长是生殖生长的基础,两者转折的关系可以分为重叠型、衔接型及分离型。目前应用的杂交稻组合,都属于后面两种类型,这对于移栽水稻掌握适宜秧龄,防止超龄早穗具有重要生产意义。

杂交水稻的一生,见生育简图(图 1)。

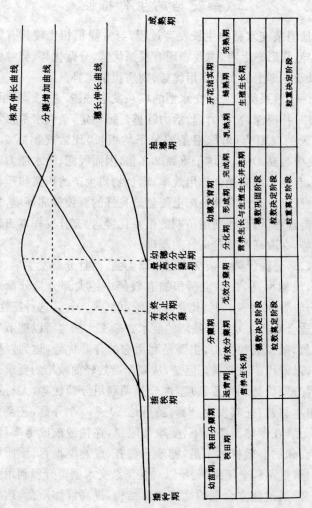

图 1　水稻的一生简图

二、杂交稻的生育特性

籼型杂交水稻的生长发育过程,与常规稻相比较具有明显差异。从形态上看,主要表现有根系优势、分蘖优势、穗粒优势,以及生理上的光合作用优势、物质积累优势。

(一)根系优势 杂交水稻的根系发达,根多,根长,根粗,分布广,扎得深,发根力强,活力旺盛。据测定,杂交水稻移栽后5天的发根力(单株根条数×平均根长)比常规稻高2.1倍,发根数高1倍,平均干重高2.3倍,因而吸肥、吸水能力比较强,有利于提高光合作用效率,增加物质生产的积累和运转效率。所以在高产高效栽培上要创造良好的育秧外部环境,加强秧苗管理,培育和利用苗期的根系优势,为充分发挥本田根系优势,夺取高产奠定良好的基础。

(二)分蘖优势 杂交水稻分蘖力强,而且分蘖发生早,发生快,成穗率高,在单位面积的有效穗中绝大部分是分蘖成穗,一般为80%～85%,比常规稻高40%～50%。这种特性,非常适合高产高效轻简栽培的要求。杂交水稻之所以能节省用种量,减少插秧劳力,主要是利用它的分蘖优势,达到以蘖代种,以蘖代苗的效果。但是,从高产高效轻简栽培的要求来看,对分蘖优势利用要适度,过分强调利用分蘖优势,大行宽距,单本移栽,任其发生分蘖,虽可达30～40个分蘖,甚至更多,但是,在多熟制条件下,受季节限制,往往造成成穗率低,单位面积的有效穗数不足,穗形不整齐,成熟期推迟,反而影响产量,更不利全年高产。所以对籼型杂交水稻要合理利用分蘖优势,通过建立合理的高产群体结构,提高群体质量,达到足穗、大穗增产。

(三)穗粒优势 杂交水稻穗形大,每穗粒数多,谷粒重。

具有明显的超亲优势,与大面积生产的常规稻相比,更有明显的竞争优势。在相同的栽培条件下,每穗粒数要比其父本恢复系多25%~35%,粒重高10%以上。一般作中稻栽培每穗着粒在140粒以上,作连作晚稻栽培在110粒以上,常年结实率达90%左右。杂交水稻的穗粒优势也需要通过科学栽培,积极促进,特别是合理运用肥水,促大叶攻大蘖,形成粗壮苗蘖才能达到穗大粒多。在幼穗形成阶段,要处理好促花与保花的关系。根据苗情,施好穗粒肥,中期苗色偏淡,群体生长量不足,以促花为主,苗色正常以保花为主,或促保结合,力争单位面积有足够的总颖花量。出穗以后,重视"减秕增重",施好根外追肥,搞好防病治虫,调控田间水分状况及适时收获,力争把空秕粒减少到最小程度,把库容、粒重增加到最高水平。

(四)光合优势与物质生产优势 水稻产量主要来自光合作用产物的积累。叶绿素是绿色植物进行光合作用的主要功能色素。根据测定,杂交水稻的叶绿素含量比对照高16.6%~42.9%,由于叶绿素含量高,光合作用强度比对照高13.5%~58.7%。由于杂交水稻单株的分蘖发生早,速度快,数量多,形成的叶面积大,生育后期仍能保持较大的绿色叶面积,制造积累的营养物质多,运转效率高,在抽穗灌浆阶段向穗部运送物质多,所以能协调大穗与实粒数多的矛盾,在大穗的基础上,增加实粒数和粒重,最终达到较高的产量水平。许多研究还表明,由于杂交水稻的光合作用优势导致物质生产优势,干物质产量显著比常规稻增加,这种物质生产优势在生育的前期和中期更为明显。在后期相对较弱,就其叶片生长的长度和宽度情况来看,叶宽没有明显优势,而叶长优势比较明显,这是一个重要的栽培性状,它关系到生育后期的群体结构,特别是在氮肥较多的条件下,容易造成冠层叶片披而不挺,影响植株下层的通风透光条件。这要引起重视,防止群体过大,不利增产。

三、杂交稻的产量形成

杂交水稻和常规水稻一样,不同田块的产量有高有低,从它们的产量构成因素分析,其主要差别在于每亩穗数、每穗粒数、结实率,即饱满谷粒在总粒数中所占的比率,和千粒重即反映稻谷饱满程度的轻或重的水平。因此,了解高产高效杂交水稻产量的穗数、粒数、结实率和千粒重这 4 个因素的形成及其相互关系,正确掌握增穗、增粒、增重的适宜期和临界期,了解外界环境条件和栽培措施对它们的影响,可以为育足带蘖壮秧,早生快发,促蘖增穗,保穗增花,保花增粒,保粒增重的栽培管理技术提供科学依据,以确保杂交水稻的高产稳产。

(一)杂交水稻产量形成的因素 构成杂交水稻产量的 4 个因素,是在生长发育过程中的不同生育阶段先后形成的。从播种到移栽的育秧时期,是培育壮秧,提高苗蘖质量,利用低节位分蘖,育成带分蘖、带多蘖、带大蘖苗的关键时期。在直播或抛秧条件下,则要求早出苗、早立苗、出齐长全、竖苗快,这是形成单位面积上有足穗、大穗的基础。"秧好半年稻",高产的形成是从这个阶段开始的。在育秧阶段的前期是决定带分蘖的质量,后期是决定带分蘖的数量,都对今后的产量形成起着重要作用。从移栽返青到分蘖末期主要是以穗数形成为中心,但也是为粒数奠定物质基础时期;从幼穗开始分化到抽穗前是以粒数形成为中心,但也是为粒重奠定基础;从抽穗扬花到成熟是以粒重形成为中心。所以,产量构成因素的形成过程既有阶段性,又有连续性,前一过程是后一过程发生的基础,后一过程是前一过程发展的必然结果,前后过程的关系是十分密切的。掌握和运用这一发生、发展规律,对于杂交水稻高产栽培是有着重要作用的。

(二)产量构成因素的相互关系 最终决定单位面积产量构成的因素,是单位面积上的总实粒数和千粒重的乘积。单位面积总实粒数,取决于单位面积的有效穗数、每穗着粒数和结实率。根据多年多点的资料分析,穗数和粒数的变异最大,其中也包括影响每穗实粒数的结实率。而粒重比较稳定。在生产水平较低时,随着生产条件的改善,群体增加,绿色面积扩大,穗数和粒数可以同步增加,表现出显著的增产作用。但是随着群体的继续扩大,穗数进一步增加,每穗粒数不再增加,增产幅度变小;若穗数继续增加,则群体质量下降,不仅每穗粒数减少,还会引起结实率和千粒重降低,导致减产。因此,在高产栽培条件下,要通过高效轻简栽培,协调好相互关系,在单位面积上具有高产所需要穗数的基础上,提高每穗实粒数和千粒重,达到高产和提高单位产出率的目的。如果栽培不当,可能会造成4个因素之间不协调而影响产量。特别要注意防止穗形虽大、每穗实粒数虽多,但有效穗数过少,而造成单位面积总实粒数弥补不了因穗数减少而造成的损失,而导致不能增产。为此。处理好苗、穗、粒之间的关系,是杂交水稻高产的一个重要关键。许多高产单位所以能获得大面积高产,主要是建立了合理的高产群体结构,在保证单位面积足穗的基础上,增加每穗实粒数和千粒重。

(三)杂交稻亩产 500 千克的苗穗粒结构 由于我国种植杂交水稻的区域广泛,南北纬度、东西跨度都比较大,种植制度十分复杂,有的作为双季早、晚稻栽培,有的是一季稻种植,有的是在中稻地区,还有杂交粳稻,所以亩产 500 千克的产量构成因素,也有差别。现将有关情况简述如下:

1. 杂交早稻：浙江省根据 279 块高产田的统计，平均亩产 510.4 千克，每亩落田苗数（包括分蘖，下同）为 8.1 万株，最高苗 32.5 万株，有效穗 21.7 万穗，成穗率 66.8%，每穗实粒数为 94.5 粒，千粒重为 26.6 克。湖南省高产田块统计，平均亩产 516 千克，每亩落田苗数 6.9 万株，每亩有效穗 20.5 万穗，每穗实粒数为 102.3 粒，结实率为 80.2%，千粒重为 26 克。广西省的材料统计，亩产超 500 千克，每亩落田苗数 4.5 万株，每亩有效穗 19 万穗，每穗实粒数为 130 粒，千粒重为 26 克。

2. 杂交晚稻：根据浙江省 281 块田统计，亩产超 500 千克的落田苗数 8.6 万株，每亩有效穗数 20.4 万穗，每穗实粒数为 96.8 粒，千粒重为 27.2 克。湖南省材料统计表明，平均亩产 520 千克，平均每亩落田苗 7.5 万株，有效穗 20.4 万穗，每穗实粒数为 97.1 粒，千粒重为 27 克。福建省的资料表明，亩产超 500 千克的每亩落田苗数为 7 万株左右，有效穗数为 19.5 万穗左右，每穗实粒数为 110～115 粒，千粒重 27 克左右。广东省的材料表明，亩产超过 500 千克的落田苗是 7.2 万株，有效穗数 18.7 万穗，每穗实粒数为 112 粒，千粒重为 28 克。

3. 杂交中稻：亩产超 500 千克的产量构成因素，江苏的材料是每亩落田苗数 4.5 万～6 万株，有效穗数是 16.3 万～18.6 万穗，成穗率为 67%，每穗实粒数为 113.9～127.1 粒，结实率为 81.8%～86.1%，千粒重是 26.5～27 克。四川省的资料是每亩落田苗数 8.6 万～9.1 万株，有效穗是 15.1 万～21 万穗，成穗率是 65%，每穗实粒数是 110～125 粒，千粒重是 27～28 克。

4. 杂交粳稻的产量构成因素：南北之间差异明显，在上海亩产超550千克的产量构成因素,每亩落田苗数为8万～9万株,有效穗数19万～24万穗,成穗率为70%,每穗实粒数100～120粒,千粒重25～27克。北方辽宁省亩产超500千克,每亩落田苗数为6万～10万株,有效穗数25万～30万穗,每穗实粒数90～100粒,千粒重26～27克。

归纳这些资料,大体可以看出,籼型杂交水稻的产量构成因素,每亩落田苗数为4.5万～8.5万株,有效穗数15万～21.7万穗,每穗实粒数为95～130粒,千粒重26～28克。总的趋势是落田苗数、有效穗数,在北方和在双季早、晚稻中都属偏高值,每穗实粒数是偏低值。南方在中稻上则相反,千粒重变动不大。杂交粳稻的产量构成因素,南方和北方的落田苗数较接近。每亩有效穗在19万～30万穗之间,北方明显接近高值,南方靠向低值,每穗实粒数则相反。千粒重则依据组合特性有所差异,但比较稳定。如果出现大起大落,会相应地出现丰收年或歉收年。

在明确杂交水稻亩产超500千克的产量构成因素的前提下,在培育好壮秧的基础上,建立好苗、株、穗、粒、重的高产群体结构是十分重要的。其基础是落田苗数,它直接关系到今后穗数与穗型形成的数量和质量。落田苗数过多过少都不利于增产,在已经了解栽插落田苗的幅度的条件下,除了地区上的差异外,在同一栽培区域,应掌握的原则:一是根据前作的成熟期确定,凡是移栽期早的,可以适当少点,迟插的田要增加密度和落田苗数;二是根据杂交稻不同组合分蘖力强弱、穗型大小来定落田苗数,分蘖力强的组合,落田苗数可稍少些,分蘖力弱、穗型小的组合要多点,以增加有效穗数;三是根据当地的土质和施肥水平,土质好、施肥水平高的地方,落田苗数可适当减少,反之要增加;四是根据秧苗素质做适当调整,秧苗粗壮的落田苗数可少些,反之应多些。

第三章　杂交稻的种植制度

合理安排种植制度,是稳定增收粮食,夺取全年高产高效的基础,也是丰富农畜产品,增加花色品种,适应市场经济需要的有效措施。尤其在多熟制地区更为重要,它是涉及当地农业生产全局的重大技术决策。众所周知,我国以水稻为基础的稻田种植制度,素以精耕细作和多熟种植,在世界上享有盛誉。杂交水稻的育成和推广应用,为我国稻田种植制度改革和种植结构调整创造了有利条件,促使稻田种植制度向多元化、立体化、效益化方向发展。近年来,随着农村经济改革的深入,农村商品生产不断发展。伴随着杂交水稻推广而来的是稻田种植结构调整,各地出现了许多各式各样的以杂交稻为基础的高产高效种植模式,形成了我国稻田所特有的杂交水稻种植制度。

一、杂交稻种植制度的概况

在我国杂交水稻大面积推广应用的时期,正值农村推行联产承包责任制,发展商品经济,稻田种植制度进入调整时期。杂交稻种植制度是在调整中形成和发展起来的。

(一)在原有稻田种植制度基础上,改常规稻为杂交稻,建立杂交稻种植制度　诸如冬作(麦类、绿肥或油菜,下同)—早常(指常规早稻,下同)—晚杂(指杂交晚稻,下同);冬作—双季杂交稻;冬作—单季杂交稻等复种方式,基本上以粮—粮型为主。这种类型种植制度对稳定增产粮食有重要意义。据统计,1987年,仅湖南、湖北、浙江、江西、广西5省(区)开发示范以杂交稻为主的上述多种形式种植制度亩产超吨粮面积有700多万亩,共增产粮食约5亿千克。

(二)把杂交稻推广与稻田引种春秋季旱作物结合起来,发展冬作、旱作、杂交稻的粮经、粮饲型种植制度 浙江、湖南、湖北等省,在稻田种植杂交稻的同时,引进大豆、玉米、花生、西瓜等春秋季旱作物种植。一来,杂交稻产量高,稻田腾出一季种旱作,既保证粮食稳定增长,又增加经济收入,提供更多的饲料发展畜牧业;二来,水稻与旱作物进行水旱轮作,有利于改善稻田土壤性状和培肥地力。特别是那些种双季稻不适宜,或季节不足,或水肥条件不好的低产田,改种杂交稻与旱作物后,产量和效益都显著提高。在浙江,"大麦=西瓜+玉米-杂交稻"(=套作,+间作,-接茬,下同)种植制度,每亩可产粮800千克,获纯收入600~800元(按1991年当地价格,全书下同),与"大麦-双季稻"比较,粮食产量持平或略有减少,而经济效益大大提高。

(三)利用杂交稻熟期较早的茬口优势,开发稻田冬季农业,发展粮、蔬、果、特型种植制度 近几年,广东、福建、江苏、浙江等南方诸省,在大面积推广杂交稻的同时,积极发展稻田冬季蔬、果、药、特作物,如雪菜、芹菜、马铃薯、大蒜、番茄、辣椒、榨菜、百合、元胡、贝母、草莓、席草等。稻田冬季种蔬菜与种传统的冬作比较,直接效益增加,一般每亩增收400~800元不等,高的可达1 000元以上;间接效益是冬季种蔬菜,养地培肥效果好,蔬菜茬水稻产量要显著高于麦类等茬口的产量。另外,发展冬季蔬菜,对促进农副产品加工业发展也有重要意义。

（四）利用杂交稻多蘖大穗、种植密度较稀的特点，实行杂交稻与平菇、蘑菇等间套复种，发展粮—食用菌型种植制度 如大麦—杂交稻＝蘑菇、杂交中稻＝平菇等。在江苏、浙江、上海、安徽、福建等南方省（市）正在推广应用。

另外，推广杂交稻后，使原有的稻田养鱼、养虾、养贝等得到进一步的发展。广东、湖北、浙江等省利用杂交稻田养鱼，不仅水稻产量明显提高，而且养鱼收入达每亩 500～1 000 元，取得了"稻鱼双丰收"。

二、实行杂交稻种植制度在"两高一优"农业中的作用

1992 年 9 月，国务院通过《关于发展高产优质高效农业的决定》，我国农业将从以追求产品数量增长为主，转向以追求效益为主，高产优质高效并重。发展"两高一优"农业，首要是在多种、种足、种好粮食的基础上调整种植结构。我国杂交水稻常年种植面积在 2 亿亩以上，就稻田生产而言，如何调整稻田种植结构，发展以杂交水稻为基础的粮、经、饲、肥、特多元型种植制度，对"两高一优"农业，具有重要的意义和作用。

（一）杂交稻种植制度具有高产稳产性能，有利于粮食稳定增长 由于杂交水稻具有长势旺，适应性广，抗逆性强，产量高等优势，因此，一般来说，以杂交稻为主栽作物的种植制度与相应的常规稻种植制度比较，年亩产量约增加 50～100 千克，且稳产性好。1976～1988 年，我国累计稻田推广应用杂交稻面积达 12.53 亿亩，共增产粮食 1 326 亿千克。同时，由于杂交稻的茬口优势，发展杂交水稻种植制度还有利于冬季粮油作物的稳产高产。在西南稻区，杂交油菜—杂交稻与油菜—常规稻比较，杂交稻生育期较短，既有利于避开当季水稻抽

穗成熟期的低温冷害,又便于安排后作杂交油菜,可以获得全年双季增产的效果。这种"双杂"种植制度已被广泛应用。

(二)实行杂交稻种植制度有利于提高稻田经济效益 近年来,在推广种植杂交稻的基础上,发展稻—鱼、稻—饲、稻—瓜、稻—菜、稻—药、稻—食用菌等多种类型种植制度,使稻田收入大大增加,稻田经济效益得到不断提高。浙江、湖南等省推广麦=西瓜—杂交稻、麦=玉米+西瓜—杂交稻种植制度,亩产粮食700~800千克,产值1 000元以上,每亩可获纯收入600~800元。江苏省发展小麦—杂交稻=平(蘑)菇种植制度,创造了有名的"一、二、二稻田经济模式",实现了一亩稻田产粮1吨,产值2 000元的高产高效益。河南省实行草莓—杂交稻种植制度,每亩可获得550~600千克稻谷,2 000元以上产值。

(三)推行杂交稻种植制度,有利于稻田生物多样性和促进稻田种植制度向立体化、多元结构发展 过去以常规稻为基础的种植制度,其作物组成比较简单。稻田的春秋季基本上种水稻,旱作物种植不多,且种类少。主要是那些生产上受某些因素限制(如夏秋干旱)影响,而不适宜种水稻或水稻产量不高的稻田改种旱作物。杂交水稻的推广应用,由于产量高,并且可为后作提供较早的茬口,使得稻田作物种类愈来愈增多,种植形式亦更加多样化。冬作物由原来以麦类、油菜、绿肥为主,发展到冬季粮、经、饲、肥、菜、果、特作物间套作复合种植,多种多收;春秋季亦可腾出一季种旱作,实行玉米、大豆、花生、西瓜等与杂交稻复种。类似草莓—杂交稻、菇类—杂交稻、麦类=西瓜+玉米—杂交稻、蔬菜—杂交稻+萍+鱼等形式多样的杂交稻种植制度,不仅能为人们提供产量更高、品质更优、效益更好的丰富的农产品,而且对种植制度向立体化、多元化发展和保持稻田生态平衡,进而持续稳定地提高稻田生产力,有重要的意义。

三、杂交稻田主要高产复种方式及其配套技术

我国杂交稻田种植制度,是在原有常规稻田种植制度基础上,根据杂交水稻熟期较早、稀植、大穗、产量高的特点,大量运用稻田复种、间作套种、育苗移栽和立体种植技术,发挥杂交稻的产量优势、茬口优势和空间优势。其基本熟制有一年二熟、一年三熟、二年五熟等。下面主要介绍近年来在发展"两高一优"农业中形成的几种有代表性的高产高效复种方式及其关键配套技术。

(一)麦类—杂交稻=菇类　这种种植方式是在麦类—杂交稻一年两熟的基础上,利用杂交稻稀植的特点,在杂交稻生长后期套种平菇、蘑菇等,发挥其空间优势。可在亩产粮食800～900千克的同时,增加收入1000元以上。目前,江苏、安徽等地的单季杂交稻田采用这种方式较多。

1. 品种与茬口　麦类选用中迟熟品种,小麦可用中熟品种扬麦5号等,于10月底前播种,5月底至6月初收获。杂交稻选用耐肥抗倒、病虫害较轻、增产潜力较大的品种组合,如汕优63等,于5月初播种育苗,6月上中旬移栽,10月下旬至10月底收获。平菇可选用高温型菌种,于7月10～20日套放于稻田,8月下旬采菇结束。

2. 关键配套技术　该种植方式要取得较好的增产增收效果,除在稻、麦上采用高产、高效、省力栽培技术以确保粮食高产多收外,应着重围绕稻田套种平菇做文章。首先,必须制好平菇菌种。菌种培育可分为母种(试管菌种)、原种(瓶装菌

种)、栽培种和套袋种 4 个阶段。套袋种放养在稻田间。一般 4 月中下旬接好原种,一支母种可接原种 5～10 瓶,适温 25℃ 下生长 30 天左右,菌丝体长满全瓶,5 月 20 日前后转接栽培种,一瓶原种可接栽培种 30～50 瓶,再经 30 天即可接套袋种,一瓶栽培种可接套袋种 30～50 袋,这时温度较高,发菌快,20 天即可长满全袋,并逐渐有珊瑚状子实体形成,大约在 7 月 10～20 日套放于稻田。制作栽培种与套袋种时,培养料多选用新鲜无霉变的棉籽壳,先曝晒 1～2 天,按料水比 1:1.25～1.3 拌匀,堆闷 2 小时,使棉籽壳吸足水分,以手握料时指缝间有水滴挤出为宜,氢离子浓度要求 316.3～3 163 纳摩/升(pH5.5～6.5)。尔后用蒸锅蒸煮 6～8 小时灭菌,待冷却至 30℃ 以下趁温接种。接种后的菌袋在培养发菌阶段,不能堆放过高过密,要注意通风透气,防止杂菌污染。

其次,要适时套菇。稻田套菇适期,既要有利于水稻分蘖发棵和灌浆结实,又要为平菇生长创造良好的光、温、湿生态环境,一般以杂交稻分蘖末期搁田后为宜。在适期范围内,愈早愈好,早套比晚套出菇早,收菇次数多,产量高。为了稻菇双丰收,杂交稻可采取宽窄行栽插,并要预留人行道操作行。一般麦茬汕优 63 行株距可用 10 厘米×23 厘米、13 厘米×23 厘米、10 厘米×27 厘米、13 厘米×27 厘米,每亩 2 万丛左右。每隔 6 行留 1 条约 30 厘米的走道。

第三,要重视稻菇共生期的管理。稻菇共生期要注意处理好水浆管理和病虫害的防治。水稻烤田后保持干干湿湿、脱水上水的湿润环境,以利于平菇生长,一般不淹灌深水。稻田套菇后应少用农药,并选用高效低毒农药,如用稻丰灵等防治稻纵卷叶螟和稻苞虫等。病虫害发生轻时可不治或少治;重时把菌袋翻转身(不破袋的一面)再打农药,防止药害。

(二)草莓—杂交稻

1. **倒茬方式与效益** 这种种植方式是河南省信阳地区等在过去草莓单季连作和小麦(油菜)—杂交稻种植方式的基础上,利用杂交稻熟期较早、收获期与草莓更新期(9月上中旬)相吻合、杂交稻插秧期与草莓收获期(5月中旬)相吻合的特点,实行草莓—杂交稻复种,或与小麦(油菜)—杂交稻复种轮作,发挥杂交稻的茬口优势。实践证明,草莓—杂交稻复种,草莓亩产可高达900多千克,与一年一季草莓的产量基本持平,杂交稻亩产达550~600千克,年亩产值可达2700多元。另外,草莓的全株茎叶能作绿肥,亩产鲜草约1500千克,可改良土壤,使土壤有机质和氮磷钾含量明显提高。

2. **关键配套技术**

(1)草莓生产方面:①9月上中旬,杂交稻收割后,及时整耙作畦,畦宽1.5米,高0.2米,畦间作厢沟,沟宽0.3米,深0.15~0.2米,亩施碳铵和钙镁磷肥各40千克;②选用优质草莓种苗,移栽行株距为0.3米×0.15米,亩栽植草莓14000株左右;③加强草莓田间肥、水及病虫草害管理,实行分批采摘。

(2)杂交稻生产方面:①3月中下旬,实行杂交稻湿润秧田育秧或两段育秧。本田可在5月上中旬草莓采摘后,及时灌水翻压草莓植株作绿肥,待腐熟后,整田并亩施碳铵50千克、钙镁磷肥40千克作基肥;②杂交稻插秧行株距为20厘米×15厘米,亩栽2.2万丛,每丛1~2本;③及时追施分蘖肥,可亩施尿素5~7千克;④浅水分蘖,晒田控蘖,深水孕穗,后期浅水灌浆,干干湿湿到黄熟。

(三)大麦=西瓜+玉米—杂交稻
这种种植方式是浙江、江西等双季稻区在原有双季稻三熟制基础上,根据双季稻季节劳力紧张,茬口矛盾突出和杂交晚稻稳产高产的特点,应用间套作技术引种旱作物,发挥杂交稻的产量优势,以达稳粮增收的目的。浙北平原稻田近几年来试验和推广这种种植方式,每亩可年产大麦 150~200 千克、西瓜 2 500 千克左右、玉米约 100 千克、杂交稻 450~500 千克,产值超过 2 000 元。

1. 品种与茬口　大麦选用中熟品种,如舟麦 2 号,于 11 月上中旬播种,5 月中旬收获;西瓜可用浙密 1 号、新红宝等,于 3 月中下旬播种育苗,4 月中旬移栽于麦行间,7 月 25 日前收获完毕。玉米选用矮秆、丰产性能好的苏玉 1 号,3 月下旬播种育苗,与西瓜同时移栽于麦行间,6 月底 7 月初可收嫩玉米,7 月 25 日左右成熟。杂交晚稻选用汕优 10 号等,6 月 15~20 日播种育秧,7 月 25~30 日移栽,10 月中下旬收获。

2. 关键配套技术

(1)大麦留行及西瓜玉米间作方式:为有利于通风透光,可东西向开畦,畦宽 4 米,沟宽 0.3 米,沟深 0.2 米,两畦相邻边间各留空行 0.8 米和 0.4 米。0.8 米空行中靠沟边 0.2 米种一行玉米,靠畦边 0.6 米种一行西瓜;0.4 米空行靠畦边

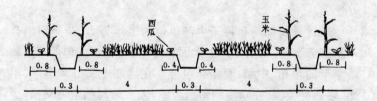

图 2　大麦套种西瓜,间作玉米茬,接种杂交稻示意图

0.2 米种一行西瓜(图 2)。西瓜每亩 600 株,株距 0.55 米;玉米每亩 800 株,株距宽窄相间,分别为 0.3 米和 0.1 米。

(2)西瓜、玉米和杂交稻的育苗移栽：西瓜、玉米采用营养块育苗，苗床宽1.2米，平整后先撒上一层草木灰或细砂，再铺上3厘米厚的塘泥，经2～3天待稍晾干后，划成5厘米×5厘米的小方块，每块撒1粒西瓜或玉米种子，盖上地膜，苗期可施1～2次稀水粪肥。西瓜、玉米苗带土移栽，玉米移栽时要叶片南北方向，便于西瓜苗通风透光。杂交稻可实行两段育秧，育成大龄带蘖壮秧，待西瓜玉米收获后及时翻耕整地，傍晚移栽，以防败苗。

(3)田间管理：西瓜、玉米需肥较多，为解决两作物争夺土壤养分的矛盾，西瓜亩施基肥为厩肥1 000～1 500千克和过磷酸钙10千克；坐果肥为菜籽饼50千克、尿素7.5千克、氯化钾6千克；玉米亩施氮素穗肥3～4千克。西瓜、玉米苗期要防治地老虎为害。西瓜要注意喷施托布津以防治白霉病。玉米喇叭口期要用呋喃丹防治玉米螟。另外，西瓜翻藤时要向未种玉米一边理藤。

第四章 杂交稻优良新组合

通过科研部门和种子生产单位的多年努力，杂交稻组合不断推陈出新。目前生产上大面积应用的新组合，包括不同栽培季节的早稻、中稻、晚稻新组合。在熟期上又分为早熟、中熟、迟熟等类型。在众多的新组合中，大多数属籼型杂交稻，少数为粳型杂交稻。可以说，我国杂交水稻已经形成了多样化、多类型、多熟期的生产格局，适应了不同地区、不同种植制度、不同茬口的需要。同时，近几年根据组合或类型特点的繁种、制种技术也有新的发展，种子的单位面积产量也有很大提高，对稳定杂交稻面积,保证水稻增产起到了重要作用。下面就目前生产上大面积推广的新组合及相应的制种技术,做一简要介绍。

一、杂交早稻新组合

目前杂交早稻示范推广的新组合比较多,现将主要组合简介如下:

威优华联2号(V20A×华联2号)

1. **来源与亲本**:是湖南杂交水稻研究中心和华联杂交水稻开发公司育成的迟熟杂交早稻组合。其父本是从迟熟早籼恢复系二六窄早经辐射处理后的突变后代中,经多代稳定测交筛选而成的。1988年育成,1989年进入湖南省早稻区试,表现较好,1990年续试,产量亦名列前茅,1991年由湖南省农作物品种审定委员会审定通过。目前该组合在江南各省累计推广已达500万亩以上,主要集中在江西、湖南、桂北、粤北等双季稻区种植。一般亩产500千克左右,丰收田亩产可达550千克。

2. **主要特征特性**:威优华联2号作双早栽培,一般株高85厘米左右,株叶型好,集散适中,叶色淡绿,分蘖力强,茎秆粗壮,坚韧抗倒,叶鞘、叶缘、稃尖淡紫色。中粒型,米质中等,千粒重28~29克。对稻瘟抗性中等(穗颈瘟5级)。在湖南长沙地区作双早,一般3月底4月初播种,6月下旬初始穗,7月23日左右成熟。全生育期116~117天。一般在每亩8万~9万落田苗的情况下,中等肥力田最高苗数可达35万以上,亩有效穗23万~24万,平均每穗总粒数85~90粒,结实率80%左右。

3. **制种技术要点**:由于恢复系华联2号分蘖力强,有效穗多,花粉量足,春播主茎总叶片数为15叶,父母本春制时差为16~20天,叶差以3.2~3.5叶为宜。秋播父本主茎叶片数为13叶,秋制父母本时差为5~7天,叶差1.5叶。父母本行比以2:12为宜。父本用两期,两期父本播种时差7天左右。制种为求高产,一般要求亩插母本7万以上基本苗,争取20万以上有效穗。其他措施跟上,可获得亩产200千克以上产量。

1优323(优1A×323)

1. **来源与亲本**:是湖南杂交水稻研究中心1989年育成的一个迟熟早籼杂交稻组合。母本优1A*(*是母本不育系的记号,下同)是印尼水田谷6号不育胞质的新质源不育系。保持系选自协青早B中的异型突变株。恢复系是81136×巴斯马堤370的后代中选育出的323号株系。该组合于1991年首次进入湖南省早稻区试。全省15个试点,平均亩产500.2千克,产量居9个参试组合的第二位,比对照威优49增产2.7%,1992年续试,平均产466.5千克,产量居各参试组合的首位,比对照威优49增产2.9%。该组合于1993年春,由湖南省品种审定委员会审定通过。已在江西、广西、湖南等地累计种植200万亩以上。

2. **产量表现**:该组合于1992年进入全国籼型杂交早稻区试,比对照威优49增产4.9%,产量居第二位。1993年续试,16个试点,平均亩产395.9千克,比对照威优48-2增产7.5%,产量居各参试组合的首位。1992年湖南省郴州地区种子公司作双早试种1.5亩,亩产557.86千克。同年湖南省洞口县种子公司以一优323作双季稻两季连作高产试验,面积1.2亩,早稻亩产539.1千克,晚稻亩产520.5千克,两季亩产达1059.7千克。1992年江西省鹰潭市种子公司作双早试种130余亩,一般亩产425～500千克,比当家种浙733每亩增产75～100千克,其中余江县马基乡高产种植1.4亩,验收亩产达615千克。

3. **主要特征、特性**：该组合作双早栽培,一般株高85厘米左右,株型集散适中,前期叶片狭长上举、后期叶片短窄挺直,叶色稍浅,茎秆坚韧,不易倒伏,叶缘、叶鞘、叶舌和稃尖浅紫色,分蘖力较强,后期落色好,黄丝亮秆,不早衰。每穗平均100～110粒,结实率80%左右,千粒重26～27克,着粒密度中等。中粒型,长宽比为2.5。谷壳较薄,闭颖好,稃尖无芒,米质中等,一般出糙率81.9%,精米率69.5%,整精米率50.3%,垩白粒率58.5%,垩白面积为7.2%。经湖南省植保所和湖南省水稻所接种鉴定,一优323叶稻瘟6～7级,穗瘟5级,白叶枯病5～9级,白背飞虱5级。抗性欠佳。

4. **制种技术要点**：由于优1A的株型好,剑叶短、窄直,有利于异交授粉。尤其母本开花习性好,花时早而集中,每天开花高峰在11时至12时半,比其他不育系开花高峰约提早0.5～1小时,在阴天的花时及开花集中度也无明显变化。母本柱头外露率80%以上,在施用"九二〇"的情况下,外露率可高达90%以上,双边外露可达60%。优1A穗型挺直,在施用"九二〇"的情况下也直立不斜,有利于受粉,因而一优323组合制种,产量较高,一般制种亩产200千克以上,高的达250千克以上。

优1A春播,一般主茎叶片数为13叶左右,夏、秋播为12～12.5叶,父本323主茎总叶片数为15～15.5叶。制种父母本叶差为3.4～4叶,时差12～14天。优1A穗型中等。制种欲获高产,必需保证每亩母本有效穗数达20万以上。因而制种时母本用种量要求达到每亩3千克左右。稀播、匀播,育好壮秧。优1A对氮肥比较敏感,氮肥不足,秧苗生长势差,分蘖少而慢。优1A的秧龄要求较严格,一般5.5叶之前移栽,如秧龄过长,大田起发慢,不利于分蘖成穗。一般制种田应施足基肥,并以农家肥为主。每亩插足母本7万～8万落田苗。栽后及早重施速效性氮肥,以争取更多的有效穗。父本323分蘖强、花粉量大、花期长,一般父母本行比可采用2∶12～15。父本可用一期,用不同播种密度或移栽期来错开父本个体间的抽穗时间,延长整个父本花期。一般在父母本始穗达10%时,喷施"九二○"。优1A对"九二○"敏感,一般每亩喷施9～10克即可。优1A闭颖好而及时,制种田黑粉病少,一般不需对黑粉病作专门防治,但对叶色浓的制种田要注意对纹枯病、稻飞虱和纵卷叶螟的防治。优1A谷壳薄,种子无休眠期,成熟快,应及时收获,以防穗萌。

威优402(V20A×402)

1. *来源及分布*:是湖南省安江农校于1989年选育成的迟熟杂交早稻组合。于1991年和1993年,分别由湖南省品种审定委员会和全国农作物品种审定委员会审定通过。从1990年开始在湖南、广西、浙江、江西等南方各省(区)试种、推广,1993年后在上述各地年种植面积达100万亩以上。目前种植面积正在逐年扩大。

2. *产量表现*:于1989年首次参加湖南省早稻区域试验。全省16个试点平均亩产506.9千克,产量居5个参试组合的第二位,比对照威优49增产1.7%(不显著)。1990年续试,全省15个试点平均亩产527.3千克,比对照威优49增产4.2%(不显著),产量居杂优组8个参试组合的首位。1991年该组合首次参加全国籼型杂交水稻区域试验早稻组区试,16个试点平均亩产477.5千克,比对照威优49增产7.5%。

1992年续试,平均亩产478.8千克,比对照威优49增产7.4%。几年来在湖南、江西、浙江、广西各地大面积种植,一般亩产为500千克左右,高产地块亩产接近600千克水平。

3. **主要特征、特性**:作双季早稻种植,一般株高85~90厘米,株型集散适中,分蘖力较强,成穗率达65%左右。叶缘、叶鞘、稃尖紫色,谷粒中长,千粒重较大,平均29~30克,在长江以南各省作双季早稻一般全生育期为115~116天。中等肥力条件以上,亩有效穗可达24万~25万,每穗总粒数平均为95粒左右,结实率79%。米质中等,垩白粒达100%,垩白大小为30%,糙米率80.5%,精米率为70%。该组合中抗稻瘟病(3级),不抗飞虱和白叶枯病(7级),后期熟色较好,早衰较轻。

4. **制种技术要点**:恢复系402在湖南春播,主茎叶片数为13.5叶左右,播始历期为85天左右,父本分蘖力中上,花粉量大,散粉好,且花粉生命力较强,一般在半山区春制,父母本叶差可控制在1.1~1.5叶,时差7~8天,有效积温差为60℃左右。可采用两期父本制种。一二期父本的播差为1周左右。母本威20A每亩本田用种量应达2.5千克以上,才能保证制种田母本的基本苗数。父本每亩用种量为0.5~0.75千克,秧田亩播种量应控制在15~17.5千克,以便培育分蘖壮秧。秧苗以5~5.5叶时移栽为宜。父母本行比为2∶12,厢宽160厘米。父本行株距17厘米×33厘米,每穴插2粒谷的秧。一二期父本的栽插比例应为3∶2,即插3穴一期父本再接着插2穴二期父本。母本行株距12厘米×15厘米,每穴插2粒谷的秧。亩插母本基本苗应在7万以上。母本威20A不抗稻瘟,在高氮肥条件下也易发生纹枯病,应注意对这两种病的防治。母本对"九二〇"反应迟钝,一般需亩施15克以上才有较好的防包颈效果。

威优 48-2(V20A×48-2)

1. **来源与亲本**：是湖南省安江农校于1985年育成的迟熟早籼组合。父本从分离中的测64中选出的早熟株，经多代连续稳定和测交筛选而育成。1985年与威20A配组后多次参加品比，表现稳产高产，并同时在较大面积上试验示范高产栽培，均取得较好的结果。因而在湖南等省种植面积迅速扩大，至今已累计种植几千万亩，成了我国长江流域双季稻区的当家早稻组合之一。

在长江以南各省作双早栽培一般亩产450～500千克。表现适应性较广，抗逆力强，不同年份产量变幅小。

2. **主要特征、特性**：作双早栽培一般株高85厘米，株型集散适中，分蘖力较强，叶色较深，繁茂性较好，后期叶片硬挺直立，叶片宽长适中，叶鞘、叶缘、叶耳、叶舌和稃尖紫色，谷粒中长，千粒重达27～28克。米质中等。出糙率80%左右，总精米率74%左右，整精米率30%～40%，垩白粒率100%，垩白面积24%，直链淀粉含量22.8%。在长江以南各省作双早栽培，一般3月底播种，4月下旬插秧，6月下旬始穗，7月23日左右成熟，全生育期112～116天。一般中等肥力田，亩插7万～8万落田苗的情况下，总苗数可达36万～38万，有效穗可达23万～24万，成穗率可达65%左右，平均每穗总粒数85～90粒，结实率75%以上。威优48-2后期转色较好，早衰轻，但不抗稻瘟病和纹枯病。

3. **制种技术要点**：由于父本48-2选自测64的早熟分离株，所以具有与测64相似的较大花药，花粉量大，制种较易夺高产。父本春播时主茎总叶片数为14.5片叶，秋播时为13片叶，春制时父母本播差15～18天，叶差3.5～3.8叶。秋制时父本 6 月中下旬播种,父母本播差 9 天,叶差 2.2 叶。父本分蘖力强,穗型中等,父母本行比以 2∶12 为宜。

二、杂交中、晚稻新组合

威优 64(V20A×测 64-7)

1. **来源及分布**:由湖南省安江农校育成。1985 年通过湖南省品种审定。全国种植面积为 1 100 余万亩,1986 年达 2 000 万亩,是我国杂交水稻种植面积较大和推广速度较快的组合之一。目前仍有较大的种植面积。

2. **主要特征、特性**:该组合属早熟中籼类型,全生育期在华南作早稻为 120~125 天,在长江流域作中稻和双季晚稻为 110~125 天,比汕优桂 33 早熟 12 天。株高 95~100 厘米,株型适中,分蘖力强,繁茂性好,抽穗整齐,成穗率高,每亩有效穗 20 万~24 万,每穗总粒数 115~125 粒,结实率 80% 以上,谷粒较粗,千粒重 27~28 克,米质中等。中抗稻瘟病和稻飞虱,中感白叶枯病,抗逆性强,适应性广,稳产性较好。作双季晚稻栽培,一般亩产 400~450 千克,高的可达 600 千克。但在高肥条件下易倒伏。适宜于华南北部作早稻和长江流域作双季晚稻或山区一季中稻栽培。

当前,用不同不育系与其恢复系测 64-7 配组成的组合有:汕优 64、协优 64 和博优 64 等。其中汕优 64 和协优 64 除生育期比威优 64 长 2~3 天,米质较好外,其他基本特征、特性都与威优 64 相仿。该两组合在江西、浙江和安徽等省尚有一定种植面积。

汕优 36 辐(珍汕 97A×IR36 辐)

1. **来源及分布**:由浙江省温州市农业科学研究所育成。1985 年被评为浙江省优质米组合,1988 年通过浙江省温州市品种审定,1991～1992年先后通过湖南省和全国品种审定。主要在鄂西、湘西、浙南等山区作中稻以及广东北部作早稻栽培。一般亩产400～450千克,高的可达500千克。

2. **主要特征、特性**:该组合属早熟中籼类型,全生育期在粤北作早稻为116～129天,与汕优64相仿,在长江流域山区作中稻为129～139天,比威优64长4～5天。株高90～95厘米,株型较紧凑,分蘖力中等,抽穗整齐,成穗率高,每亩有效穗20万～24万,千粒重26～27克,米质优。据1986年中国水稻研究所测定,糙米率81.63%,精米率73.8%,直链淀粉含量22.2%。抗逆性较强,高抗稻瘟病,中抗白叶枯病和稻飞虱,耐瘠性较强,耐肥力中等,稳产性较好。但抗倒性欠佳,秧龄弹性较小。只适宜于稻瘟病严重的山区作中稻和华南北部作早稻栽培,目前尚有一定面积搭配种植。

威优6号(V20A×IR26)

1. **来源及分布**:由湖南省贺家山原种场选配,属迟熟中籼类型。主要分布在湖南、湖北、福建等省作双季晚稻种植。年种植面积曾达2000万亩以上。

2. **主要特征、特性**:该组合在湖南作中稻栽培,全生育期140天左右,作双季晚稻栽培为123～127天。株高90～95厘米,株型适中,分蘖力强,茎秆粗壮,叶片直立,抽穗整齐,成穗率高,每亩有效穗20万～22万,每穗总粒数130～140粒,结实率80%～85%,千粒重26～27克,米质中等。较抗稻瘟病,中抗白叶枯病和稻飞虱,耐肥抗倒,适应性广,后期较耐寒,稳产性好。一般亩产400～450千克,高的可达500千克以上。近年来由于抗稻瘟病力减退,种植面积逐年下降,只在湖南省尚有较大的种植面积。

汕优6号(珍汕97A×IR26)

1. 来源及分布：由浙江省农业科学院等单位选配。属迟熟中籼类型。1979～1990年期间为浙江省双季杂交晚稻的当家组合，在南方12个省（区）都有种植，年种植面积在3 000万亩左右，是我国杂交水稻推广面积最大组合之一。

2. 主要特征、特性：该组合的全生育期在长江流域作中稻为140～145天，作双季晚稻为125～130天，比威优6号长2～3天。株高90～100厘米，株型较紧凑，叶片较长而直挺，分蘖力强，繁茂性较好，秧龄弹性大，抽穗整齐，成穗率高，每亩有效穗20万～22万，每穗总粒数130～140粒，结实率80%～85%，千粒重25～26克，米质中等。中抗稻瘟病和白叶枯病，较抗稻飞虱和黄矮病，耐肥抗倒，适应性广，稳产性好。作中稻一般亩产500～550千克，作双季晚稻一般亩产400～450千克，高的可达600千克以上。近年来，由于抗稻瘟病力下降，种植面积逐年迅速减少，目前只在江西、浙江、福建等省仍有一定面积搭配种植。

汕优桂33(珍汕97A×3624-33)

1. 来源及分布：由广西农业科学院选育，1984年通过广西自治区品种审定。目前尚有一定面积在广西、广东作早、晚稻和江西作双季晚稻种植。但由于抗病性衰退，推广面积正在逐年减少。

2. 主要特征、特性：该组合属迟熟中籼类型，全生育期130天左右，与汕优6号相近。株高100厘米左右，株型适中，叶片稍长，分蘖力强，繁茂性好，成穗率高，每亩有效穗21万～23万，穗较大，每穗120～130粒，结实率85%左右，千粒重27克，米质较好。中抗稻瘟病和稻飞虱，中感白叶枯病，不抗黄矮病，耐肥性好，抗倒性差，在高肥条件下，易发生披叶、搭叶和倒伏现象,一般亩产400～450千克。适宜于华南稻区作早、晚稻和长江流域作中稻或双季晚稻栽培。

汕优63(珍汕97A×明恢63)

1. **来源及分布**:由福建三明市农业科学研究所育成。属迟熟中籼类型,1984年通过福建省品种审定,1985年被评为全国优质米组合,年种植面积超过4 000万亩,是长江流域一季中晚稻的当家组合。

2. **主要特征、特性**:该组合生育期较长,在长江流域作中稻全生育期145～155天,在华南作双季晚稻为135～140天,比汕优6号长5～7天。一般株高100～110厘米,株型适中,茎秆粗壮,根系发达,叶片较宽,叶色稍淡,分蘖力强,繁茂性好,成穗率较高,每亩有效穗18万～20万,穗大粒多,每穗总粒数120～135粒,结实率85%左右,千粒重27～28克,出米率高,米质优。抗稻瘟病,不抗白叶枯病和褐稻虱,耐肥力较强,适应性广,稳产性好,作一季中稻栽培,一般亩产500～600千克,高的达700千克以上。最适宜于长江流域作一季中稻和华南双季晚稻种植。

D优63(D汕A×明恢63)

1. **来源及分布**:由四川农业大学和福建龙溪县管前农技站等协作选配而成。属迟熟中籼类型,目前在四川省种植面积较大,并成为该省再生杂交水稻的主栽组合之一。

2. **主要特征、特性**:该组合的基本性状与汕优63相仿,全生育期在长江流域作中稻为145～150天,在华南作双季晚稻为130～135天。植株高105～110厘米,茎秆粗壮,分蘖力强,繁茂性好,每亩有效穗17万～20万,穗型大,每穗总粒数130～140粒,结实率85%左右,千粒重27～28克。米质优,出糙率81%,精米率71%,米粒腹白小,半透明,食味好。抗稻瘟病力强,适应性广,一般亩产500~600千克,比汕优63略有增产。目前在四川、云南和贵州等省推广面积正在扩大。

威优46(V20A×密阳46)

1. 来源及分布:由湖南省杂交水稻研究中心选配而成。1988年通过湖南省品种审定,1989年被列入全国"七五"攻关重点扩繁组合。目前是湖南省双季杂交晚稻当家组合之一。

2. 主要特征、特性:该组合属中籼类型,熟期适中,全生育期在长江流域作双季晚稻为125~128天,比威优6号早熟2~3天,株高95厘米左右,株型较紧凑,分蘖力强,成穗率高,每亩有效穗21万~23万,茎秆粗壮,叶片较挺,耐肥抗倒,后期较耐寒,冠层叶不易早衰;每穗总粒数110~125粒,结实率85%左右,千粒重28~29克,米质中等,食味较好。高抗稻瘟病,中抗纹枯病和褐飞虱,适应性广,稳产性好。一般亩产450~500千克,高的可达600千克以上。适宜于长江流域作双季晚稻和山区一季中稻栽培,都能获得增产丰收,颇受群众欢迎。

汕优10号(珍汕97A×密阳46)

1. 来源及分布:由中国水稻研究所和浙江台州地区农业科学研究所共同选育而成。1989~1990年先后通过浙江省和全国品种审定,被列入全国"七五"攻关重点扩繁品种和重点推广项目。目前已成为浙江和江西两省双季晚稻当家组合之一,并在湖南、湖北、广东、安徽等省都有较大面积种植。

2. 主要特征、特性:该组合属中籼型,熟期适中,在长江流域作双季连作晚稻栽培,全生育期126~130天,比汕优6号早熟2~3天;在山区作中稻栽培为135天左右,比汕优63早熟7~10天。一般株高90~95厘米,茎秆较坚实粗韧,主茎叶为15~16片,株型较紧凑,分蘖力强,成穗率高,每亩有效穗 21 万～23 万,穗型适中,每穗总粒数 115～125 粒,结实率 85%～90%,千粒重 28～29 克,直链淀粉含量 22.7%,米质较优,食味好。抗逆性强,适应性广,稳产性好,高抗稻瘟病,中抗稻飞虱和中感白叶枯病,后期耐寒力强,冠层叶片不易早衰,成熟时转色好。适宜于长江流域作双季晚稻或一季中稻和华南作双季早稻栽培,一般亩产 450～500 千克,高的可达 650 千克以上。

协优 46(协青早 A×密阳 46)

1. 来源及分布:由中国水稻研究所和浙江省开发杂交稻组合联合体协作选配成的中籼型组合,1990 年分别通过浙江省和全国品种审定,被列入全国重点推广项目和全国"八五"攻关扩繁组合。当前在浙江、江西和安徽等省都有大面积种植,并成为浙江省双季杂交晚稻的当家组合,年种植面积在 300 万亩以上。

2. 主要特征、特性:该组合熟期适中,作双季晚稻全生育期 130 天左右,比汕优 6 号早熟 2～3 天。一般株高 90～95 厘米,苗秆坚韧,株叶型理想,叶片较挺直,耐肥力强,抗倒性好。分蘖力强,成穗率高,每亩有效穗 22 万～24 万,穗型中等,每穗总粒数 110～120 粒,结实率 90%～95%,谷粒充实饱满,千粒重 29 克,米质优,出糙率 82.5%,精米率 74.4%,直链淀粉含量 21.2%。抗稻瘟病力强,高抗白背飞虱,中抗白叶枯病和褐飞虱;后期耐寒性强,顶部叶片不早衰,青秆黄熟。一般亩产 450～500 千克,高的达 600 千克以上,适宜于长江流域肥力条件较好的地区作连作晚稻或一季中稻栽培,颇受欢迎。

汕优桂 99(珍汕 97A×桂 99)

1. 来源及分布:由广西农业科学院水稻研究所育成,属迟熟中籼型组合。1989 年通过广西自治区品种审定,1990 年被列入全国"七五"攻关扩繁组合,目前分布在广西、广东等地大面积作早、晚稻种植,已取代了汕优桂 33。

2. 主要特征、特性:该组合的全生育期,在华南南部作早稻为 133 天,在北部作双季晚稻为 120～125 天,在长江流域为 130 余天,与汕优桂 33 相仿。株高 95～100 厘米,叶片较挺直,株型集散适中,分蘖力强,成穗率较高,后期熟色较好,不易早衰。每穗总粒数 120～135 粒,结实率 80％以上,千粒重 24～25 克,米质较优。抗病力较强,苗期耐寒力亦较强,适应性较广。一般亩产 450～500 千克,高的达 600 千克。凡能种植汕优桂 33 的地区均可种植汕优桂 99,但最适宜于华南作早稻栽培。

汕优多系 1 号(珍汕 97A×明恢 63 选系)

1. 来源及分布:由四川省内江市杂交水稻科技开发中心选育。1992 年被评为四川省优质稻米,1993 年通过四川省品种审定,被列入该省主要推广组合。

2. 主要特征、特性:该组合属迟熟中籼类型,在四川省作中稻种植,全生育期为 148 天左右,与汕优 63 相近。株高 105～110 厘米,茎秆粗壮,株型适中,分蘖力强,生长势旺,成穗率高,有效穗多,每亩可达 20 万～22 万,穗大粒多,每穗总粒数 130～140 粒,结实率 90％左右,千粒重 26～27 克,米质优。抗稻瘟病力强,再生力强,后期较耐寒,不易早衰,成熟时转色好。一般亩产 500～600 千克,高的可达 765 千克,比汕优 63 增产 5％左右。适宜于长江流域作一季中稻栽培,较有广阔前景。

关于籼型杂交晚稻的制种技术,重点是掌握好父母本花期相遇的播差期及相应的配套技术。不同类型组合有不同的播差期,其中早熟中籼型组合威优 64 和汕优 64 的父本测 64

生育期较长,母本生育期短,通常父本要比母本早播 16～18 天,叶龄差 4.5～5.5 片;汕优 36 辐的父本比母本早播 17～19 天,叶龄差 5.5～6 片。迟熟中籼型组合威优 46、汕优 10 号和协优 46 的父本密阳 46 生育期比测 64 长,要比母本早播 25～28 天,叶龄差 6.5～7 片;汕优桂 33 和汕优桂 99 的生育期又较密阳 46 长,需要比母本早播 33～37 天,叶龄差 7～7.5 片,而汕优 63、D 优 63 和汕优多系 1 号的父本明恢 63 为迟熟中籼稻,感温性较弱,生育期长,更需要比母本早播 38～42 天,叶龄差 9～9.5 片。

三、粳型杂交稻组合

粳型杂交稻在北方稻区起步较早,已有一定基础。南方长江流域一些省(市)在"六五"和"七五"期间育成一批粳型杂交稻组合。目前均正在推广应用,其发展速度还有待加强。现就推广面积较大,并经过省级鉴定的几个组合作一简要介绍:

寒优湘晴(寒丰 A×湘晴)

1. 来源及分布:是上海县种子公司和浙江省嘉兴市农科所共同选配的。现正在上海地区推广,江苏南部也在试种示范。

2. 主要特征、特性:1986～1988 年连续 3 年的品种比较和生产试验,平均亩产 524.25 千克,比对照秀水 04 增产 10.8%。该组合在上海地区单季稻生育期为 160 天左右,株高 105 厘米,株型紧凑,茎秆粗壮,分蘖力较强,抗倒力强。每亩有效穗 18 万～20 万,每穗粒数 135～145 粒,结实率 80% 以上,千粒重 25～26 克。是米质优、食味佳的优质组合。

寒优 1027(寒丰 A×T1027)

1. 来源及分布:系 1985 年由上海市农业科学院选配而

成。通过几年各级试验和生产示范实践,充分表现出稳产高产的特点。现正在上海地区推广,江苏南部也在试种示范。

2. 主要特征、特性:上海市杂交粳稻单季区试,平均亩产552.2千克,比秀水04增产8%,居首位。米质优于秀水04。在上海作单季稻其生育期为153～156天,与秀水04相似或迟1～2天。株高100～105厘米,株型紧凑,茎秆粗壮,叶短挺拔,清秀整齐。分蘖力中等,耐肥抗倒,每亩有效穗21万～23万,每穗粒数140～150粒,结实率80%以上,千粒重27～28克。中抗白叶枯病,后期易感稻曲病。

七优2号(台2A×T806)

1. 来源及分布:原名台杂二号。系浙江省台州地区农科所于1983年选配而成的。

2. 主要特征、特性:1985～1986年两年南方双季杂粳区试,平均亩产443.4千克,比对照秀水48增产12.5%,同期参加浙江省杂粳区试也获得类似结果。该组合在浙江省台州、温州及闽北等地大面积示范推广中产量与汕优6号相近或略高,亩产500～550千克,高产田曾达675.6千克。在台州地区作连晚茬,其生育期为125天左右,株高85厘米,株型紧凑,剑叶直立,茎秆粗壮,根系发达,抗倒力强。每亩有效穗18万～20万,每穗粒数140粒左右,结实率80%以上,千粒重26～27克。米质中等。中抗稻瘟病和白叶枯病,易感恶苗病和稻曲病。制种产量较高,一般亩产为150～200千克。

六优C堡(六千辛A×C堡)

1. 来源及分布:系安徽省农业科学院于1983年选配而成的。适宜在安徽省沿江、江南作双季晚稻和江淮、沿淮地区作麦茬稻种植。苏北的扬州地区也适宜种植。

2. 主要特征、特性:经南方稻区杂交粳稻联鉴和安徽省区试,亩产为 500.6～549.7 千克,比对照宜 105 增产 10% 左右,在安徽省作单季稻,其生育期为 140～150 天,双季稻为 128～130 天。该组合株高约 100 厘米,株型紧凑,叶片半卷、挺直。每亩有效穗 20 万左右,每穗粒数 100～130 粒,结实率 75% 以上,千粒重 26～28 克。后期转色好,青秆活熟。抗稻瘟病,中抗白叶枯病。米质优良,在 1985 年安徽省优质米评比中名列粳米第一。繁种制种产量较高,一般可达 150～200 千克。

六优 1 号(六千辛 A×77302-1)

1. 来源及分布:系江苏省农业科学院与浙江省嘉兴市农科所于 1983 年共同选配而成。适宜于江苏长江两岸丘陵山区、苏北以及淮南地区中等肥力田种植。

2. 主要特征、特性:经南方稻区杂交粳稻区试和江苏省区试,其亩产为 516 千克,比对照宜 105 增产 13.4%。该组合在江苏省作单季稻用其生育期为 140 天,双季晚稻为 130 天左右。作为单季稻其株高 105 厘米,每亩有效穗 18 万～22 万,每穗粒数 163.8 粒,结实率 75%～80%,千粒重 25 克。后期转色好,米质较优。中抗白叶枯病,中感稻瘟病和稻曲病。耐肥抗倒较差。制种产量高,一般亩产可达 150～200 千克。

秀优 57(秀岭 A×C57)

1. 来源及分布:系辽宁省农业科学院于 1978 年选配而成的。从 1983 年开始推广,至 1986 年种植面积已达 45 万亩。在辽宁省中部、南部稻瘟病区和宁夏可作单季稻种植或节水旱种,也可以在京、津、豫、鲁、冀作麦茬稻种植或旱种。

2. 主要特征、特性:1979～1981 年参加辽宁省区试,平均亩产 549.6 千克,比对照丰锦增产 15.9%、比黎优 57 增产 5.4%,是一个高产优质组合。1980～1981 年参加北方稻区杂粳区试也获得类似结果。它分蘖力较强,每亩有效穗在辽宁省为27万左右,成穗率高,每穗粒数100～130粒,结实率80%以上,千粒重26～27克,米质优良。耐旱性强,中抗稻瘟病,中感白叶枯病。

70优9号(7001S×皖恢9号)

1. **来源及分布**:是安徽省农科院水稻研究所育成的两系法品种间杂交晚粳新组合。适宜在长江中下游诸省作单、双晚种植。

2. **主要特征、特性**:1991～1992年参加安徽省杂交粳稻双晚组区试,两年平均亩产403.5千克,比对照宜105增产7.3%,比当优9号增产3.05%。1992年安徽省生产试验平均亩产392.2千克,比宜105增产9.4%。该组合属早熟晚粳型,全生育期128天(双季)～146天(单季)。株高90～102.8厘米,株型紧凑,叶片挺秀。分蘖力中等,穗大粒多。作单晚,亩有效穗23.5万,每穗164.4粒,结实率79.4%,千粒重26.5克;作双晚,亩有效穗24.4万,每穗99.7粒,结实率75.2%,千粒重25.4克。经安徽省农科院植保研究所鉴定,中抗白叶枯病,高抗稻瘟病,但不抗飞虱。稻米食味好。1991年制种田母本异交率53.36%,平均制种亩产152.7千克,最高亩产256.1千克。

泗优422(731A×轮回422)

1. **来源及分布**:是江苏省农科院配组育成。适宜太湖地区作单季晚粳栽培。

2. **主要特征、特性**:1991～1992年江苏省杂交晚粳区试,两年平均亩产609.8千克,比对照武育粳2号和秀水04分别增产9%和10.5%;在南方稻区杂交粳稻(单季组)区试中,平均亩产534.01千克,比对照秀水04增产12.3%。该组合属于早熟晚粳型,作单季栽培,全生育期155～160天。株高105

~110厘米,株型前期松散,中后期紧凑、挺拔,叶片上举,叶色较淡。分蘖力中等,成穗率较高,每亩有效穗17万~20万,禾下穗,穗大粒多,有顶芒,粒型偏长,平均每穗180粒左右,结实率80%以上,千粒重25~27克,出糙率85%,米质优,食味好,后期转色好。中抗白叶枯病和稻瘟病。

关于粳型杂交稻的制种技术,也要掌握好父本和母本花期相遇的播差期及相应的配套技术。不同组合有不同的播差期。例如:寒优湘晴在上海地区制种父母本可同期播种;70优9号在安徽制种父母本也可同期播种;寒优1027的父本在上海地区比母本早播24天;六优1号的母本在苏北地区比父本早播15天左右;六优C堡的母本在安徽比父本早播6天左右;泗优422的父本在江苏比母本早播3天左右。

第五章 杂交早稻高产栽培技术

一、杂交早稻的发展

70年代末至80年代初期,继杂交晚稻取得显著增产增收效果之后,以湖南省为代表的我国南方稻区,开始重视并选育出优势强、产量高的威优35,威优49等一批杂交早稻新组合,并且种植面积逐步扩大。因此,农牧渔业部把杂交早稻列为全国农业技术重点推广项目。至1991年,南方稻区已种植杂交早稻4 768万余亩,占早稻播种面积的34.8%,成为杂交水稻进一步发挥生产潜力的重要领域,比同熟期的常规品种平均亩产增加75千克以上,收到了明显的经济效益和生产效益。

1986年以后,杂交早稻不仅为早稻产量摆脱徘徊局面,而且为调整早稻不合理的品种布局创造了条件。例如浙江省武义县,实行联产承包责任制之后,广大农户盲目扩大早稻中熟品种。中熟早籼品种占早稻总种植面积的84.04%,致使温光资源难以充分利用。在品种、熟期单一化的情况下,屡遭"五月寒"等自然灾害袭击,产量不稳不高,以致出现连续滑坡的局面。1989年开始,该县大力扩种中熟偏迟的杂交早稻,并采用"4斤(2千克)种、3叉秧、6寸(20厘米)方、双本插、10万~12万苗"的配套技术。至1990年,全县种植9.26万亩杂交早稻,占早稻种植面积的51.54%,使中熟偏迟的早稻面积提高到72%。由于改变了品种和熟期的布局,提高了抗避灾害的能力,使早稻平均亩产达413千克,比常规早稻亩产增加74千克,产量上了一个新的台阶。

目前,产区各级领导部门,针对春花田早稻用中熟品种容易超秧龄、前期生长量不足、产量不稳不高等问题,都把适当发展杂交早稻作为突破口,因地制宜地调整春花田早稻的品种搭配,优化早稻品种布局,提高春花田早稻的产量水平。如果在改善米质上取得新的进展,杂交早稻将会更快地发展。

二、杂交早稻高产高效的指标

(一)壮秧指标 俗话说:"秧好一半稻",说明秧苗好坏,不仅影响植株的生长,还会抑制或促进植株的发育,导致产量的增减。杂交早稻本田基本苗数比常规稻少,只有通过培育带蘖壮秧,以蘖代苗,以穗大弥补穗数不足而实现高产。

据中国水稻研究所等单位研究明确,亩产500千克左右的杂交早稻秧苗,必须高度适中(25~30厘米)、叶龄相当(5.5~6张)、绿叶数多(单株5张以上)、带有分蘖(1~2个)、茎基粗壮(单株 0.6～0.7 厘米)、百苗干物重高(11～15 克以上)、充实度大(每厘米高 4.3～5.2 毫克)。

(二)株型特征和物质生产指标

1. *株型*：水稻株型结构，以叶群为主，涉及茎(鞘)和穗部的分布状态。杂交早稻较为理想的株型应该是前期叶姿较松散，繁茂度好，迅速覆盖田面，以弥补少本插而田间空隙度大、光能难以充分利用的不足。威优 48-2,威优 1126 和威优 35 等组合，都具有上述特征特性，尤其是功能叶叶开角较大，叶片稍窄长最为突出。乳熟期，比广陆矮 4 号冠层叶片上举，中下叶层的透光率较大，有利于叶片功能期的延长；茎秆较粗壮，较耐肥抗倒；穗层较集中，成熟较一致。

2. *物质生产*：作物产量主要来自光合产物的积累，而光合产物的多少，决定于适宜的叶面积以及光合效率的高低。一般亩产 500 千克的威优 48-2,幼穗分化、齐穗和成熟期的叶面积系数，分别为 6.01,5.82 和 2.54。齐穗期的叶绿素含量为 7.22 毫克/分米^2,齐穗至成熟期的净光合生产率为 6.67 克/米^2·日。

(三)苗、穗和产量构成指标 杂交早稻即使采取双本插，落田苗数还是比较少，所以本田高产群体的获得，主要是通过早发争多蘖，并要提高分蘖成穗率，才能保证有一定数量的最高苗和有效穗。各地经验表明，亩产 500 千克必须有落田苗 7 万～8 万，最高苗 30 万～35 万，分蘖成穗率 65%～70%,有效穗 20 万～23 万。这种群体结构的个体发育良好，穗形较大，每穗实粒数较多。例如 1987～1989 年，浙江省对 279 块早杂高产模栽田统计，亩落田苗为 8.1 万，最高苗为 32.5 万，有效穗为 21.7 万(其中分蘖穗占 66.8%),每穗实粒数为 94.5 粒，千粒重为 26.6 克，平均亩产 510.4 千克。

三、杂交早稻亩产 500 千克的优化栽培技术

(一)因地制宜,选好组合 因地制宜,选择熟期适中、抗性好、米质中上、稳产高产的优良新组合,并实行熟期配套,是充分利用当地温光和生育期资源,发挥最大杂交优势,获得亩产超 500 千克的首要条件。例如广西桂南地区温光资源丰富,选择迟熟的汕优桂 33 和汕优桂 34 为主,适当搭配汕优桂 41 等中熟组合;桂中地区以汕优桂 8 和威优 64 为主,搭配汕优 36 和汕优桂 41;桂北地区的温光资源相对较差,则以早熟组合威优 64 为主,搭配威优 35 和威优 49 等组合。浙江省西南部和中部稻区,杂交早稻则按前作来选择适宜熟期组合,如绿肥田杂交早稻,可早播早插,以迟熟组合为主;而春花田杂交早稻,由于迟播迟插,选用迟熟偏中的高产组合为主。

(二)适期稀播,培育多蘖壮秧 许多研究明确,水稻抽穗前 10~15 天至成熟期的温光条件好坏,与产量高低存在显著相关关系。因此,适期播栽,使植株减数分裂期开始就能处于最适宜的温光生态环境下,这是取得高产的关键。广西农业气象试验站分析了气象资料与孕穗、抽穗和灌浆结实关系,指出这个阶段的最适平均气温为 32.5℃左右,这种温度广西各地出现在 6 月上旬至 7 月中旬末。由于海拔和纬度的不同,地区间有一定差异,所以播种期亦不一致。就是说,桂南回暖早,2 月下旬末至 3 月上旬播种,才能在最适温度条件下孕穗、抽穗和灌浆结实;而桂北回暖迟,必须在 3 月下旬末播种;桂中回暖期居中,在 3 月中旬播种为宜。

浙江、江西和湖南等省纬度相近连作稻地区,鉴于目前早杂组合生育期偏长,早晚季节较紧,尤其是前作春花田比例较

大,插秧又不能提早的实际情况,均采用稀播,喷多效唑控苗促蘖,并保温早播,或用"两段育秧"的办法适当延长秧龄,以利于充分利用秧田期温光资源,培育出带蘖壮秧,又能相对地提早成熟,使晚稻适期移栽。1987年,浙江云和县良种场进行早杂威优35播种期试验表明,早播有利于秧田长大分蘖,秧苗素质好,并取得早熟高产的效果。稀播是壮秧的关键技术,该场用同样组合,亩播7.5千克,其单株带2.9个分蘖,而亩播22.5千克只有1.7个分蘖;百苗地上部干物重,前者为46.8克,后者只有30.3克;前者亩产452.8千克,比后者多47.8千克。针对早季气温高低不稳的特点,应用塑料或地膜(有孔)覆盖保温育秧,可以提高出苗率、成秧率和秧苗素质;并可防止鼠害、雀害和烂秧;省工、省种和省成本;提早成熟。即具有"三高、三防、三省、一早"的优点。

(三)**合理密植,苗足穗多** 栽插的密度要看田的肥瘦、组合分蘖强弱和熟期长短等情况,不能一刀切。一般是肥田分蘖较强,而且种得早,本田营养生长期长的可适当疏一些,反之则要密一些。适当提高落田苗,有利于群体水平的提高,特别是三熟制杂交早稻,本田营养生长期短,更需要提高落田苗,才能达到穗多产量高。但是,插多少落田苗最有利于高产呢?1988年,浙西南双杂吨粮研究协作组,在杭州、金华、温州、台州等地不同生态区,通过本田用种量(秧本比相同)联合试验结果看出,亩用种量2千克(亩栽2万丛、7.7万落田苗)的亩产量为最高,比1千克和1.5千克的增产11.9%和3.7%,差异达极显著和显著水准。2千克处理的产量构成因素比较协调,早期分蘖较多,群体发展较快,有效分蘖终止期一般提早3~5天,有利于提高成穗率,达到增穗增产的效果。随着用种量的提高,全生育期相应地有所缩短。如2千克比1千克和

1.5千克处理提早成熟1~2天,这样既可当季高产,又有利于后季早插增产。

行株距,在每亩丛数相近的情况下,应放大行距,缩小株距,即采取宽行窄株种植规格,以利于生育中后期的行间通风透光,延长中下叶层叶片功能期,增加光合产物。广东省高州县通过26.4厘米×8.3厘米、23.1厘米×9.9厘米和16.5厘米×13.2厘米行株距比较,结果前两者亩产456.5千克和455.5千克,比后者分别增产11.9%和11.6%。

(四)足肥早施,适氮增钾　　肥料在作物生长发育,以至产量高低中具有很重要的作用。但是,只有因土、因种和因生育阶段,并以科学的方法施用一定数量的氮磷钾三要素为主导的肥料,才能取得高产高效。1988年,中国水稻研究所与协作单位,分别在杭州、金华、丽水和台州等地,以早杂威优35组合为对象,进行等量氮素(亩施用量为15千克,其中50%作基面肥)条件下,分别于蘖、穗、粒期,按8种分配法开展试验,结果以2∶0∶1平均亩产494千克为最高;1∶1∶1处理次之,亩产478千克。

杂交早稻亩施氮素10~15千克情况下,要掌握施足基肥、早施苗肥、巧施穗粒肥的施肥原则,具体分述如下:

1. 基面肥:占总氮素量的60%左右,对整个生育期均有影响。因此,生产上一定要配施肥效较长的优质农家肥(翻入土中),一般亩施1 000~1 250千克,以补充土壤中的有机质和钾、硅等养分的消耗。同时要配施速效的氮磷钾肥料作基面肥。

2. 促蘖肥:针对杂交早稻主要依靠分蘖成穗夺高产的特点,分蘖肥必须用速效肥,而且要早施,其中两熟制杂交早稻,在移栽后5~7天追施,三熟制杂交早稻在移栽后3~5天就要施用。这次追肥主要施用氮素,用量占一季总氮量的25%~30%。为了提高利用率,以放干水后撒施,并结合耘第一次田,达到土肥相融,既可加快植株的根系吸收,又能减少流失,充分发挥肥效。

3. 穗肥:分促花肥和保花肥。前者目的在于促进颖花多分化,所以要在幼穗开始分化后施用,以增加2次枝梗为主要目标。如果稻苗未见脱力,少施或不施,以免"促过头"而引起颖花数过多,有效率不高,甚至植株徒长、倒伏等弊端。施保花肥目的在于减少颖花退化。据观察,一般颖花退化率20%左右,高的达到30%以上,颖花减数分裂期(一般在抽穗前15天左右)是退化敏感性最大的阶段。所以抽穗前的剑叶露尖期要施用保花肥,以满足幼穗伸长和颖花正常发育的需要。施用的速效氮肥量,以抽穗前3~5天叶色能退淡为度。

4. 粒肥:杂交早稻抽穗、扬花、灌浆期,茎、鞘、叶光合产物大量转运到穗部,必须采取施肥等措施,以防止功能叶缺氮早衰甚至枯黄,导致结实率低,籽粒不够饱满的不良后果。粒肥的氮素施用量,一般不超过一季总施氮量的10%~15%,对缺钾的田还可配施一定数量的钾肥。若抽穗扬花期施用粒肥,必须避开开花时间施用,最好在下午闭颖后撒施,以免损害花器,影响受粉结实;灌浆初期施用粒肥,可把氮磷钾肥加水喷施,起根外追肥效果,一般需连续喷2~3次,才能收到较好的效果。对于长势过旺,抽穗期叶色过于浓绿的贪青田,粒肥只能喷磷、钾肥。

(五)间歇灌溉,忌早断水　稻田灌溉技术,是通过水的合理运筹,使肥、气和微生物关系协调,促进稻株正常生长发育,并实现高产高效。通过试验和调查明确,杂交早稻亩产500千克左右的田间水浆管理要求是:

1. 返青初蘖期宜寸水返青,浅水促蘖:杂交早稻移栽多为单、双本插,主要靠分蘖成穗,达到预期穗数。据中国水稻研究所对绿肥田威优48-2分蘖挂牌观察发现,秧田分蘖和本田前期的分蘖成穗率和结实率高、穗形大。因此,杂交早稻促早发比常规稻更为重要。然而,插秧期间,由于植伤,根系吸水力减弱,遇到晴天植株水分容易失去平衡,造成叶尖枯死影响早发。因此,插秧至返青期灌寸(3.3厘米)水以护苗(过深会影响秧田分蘖的成活),使一部分叶鞘浸在水中,既可减少蒸腾,又可使叶鞘直接吸收水分,有利于早发根、返青。稻苗返青后,一般以浅水勤灌为主。这样可以提高泥温和水温,增加昼夜温差和土壤有效养分,促进扎根,提早分蘖,力求在插后15天左右达到计划的苗数。施用农家肥较多的田块,在返青后实行短时间露田,以加速农家肥的分解,减少有毒物质的产生,使根系和分蘖生长加快。

2. 分蘖中后期宜适时搁田,控无效蘖:杂交早稻分蘖力较常规早稻强,达到穗数的苗数时,要特别注意及时搁田控苗。稻株进入分蘖高峰以后,植株由营养生长转向生殖生长阶段。这时个体与个体、器官与器官之间的矛盾日益激化。为了调节这些矛盾,使个体与群体以及器官间都能协调发展,一般采取排水搁田的方法,以改善土壤环境和田间小气候,增强根系活力,控制无效分蘖,达到壮个体、中群体、高成穗的目的。搁田必须适时适度,过早达不到高产所需的穗数,过迟会造成群体过大,田间郁闭,诱发病虫,直至倒伏减产。因此,搁田必须掌握时到不等苗,苗到不等时的原则。根据中国水稻研究所对绿肥田威优48-2和威优35等组合的定株观察,秧田分蘖在移栽时已有2叶1心以上叶龄的,大多可以成穗,大田在移栽后20天内的分蘖成穗率可达到95%左右;栽后20天以后的分蘖成穗率只有40%左右(即使成穗,其穗形也小,结实率较低)。可见,绿肥田杂交早稻控苗的时间应在栽后20天左右,就是时到不等苗。如果在这个时间前,苗数已达到计划穗数,应提早控苗搁田(苗到不等时)。搁田的程度,要达到叶色退淡,叶片挺起,白根露面,田边开小裂为止。

3. 孕穗、抽穗期宜浅水勤灌、促花保花:稻穗发育期间气温较高,生长旺盛,叶片蒸腾量大,是水稻一生中需水量最多的时期,特别是孕穗期,对干旱抵抗力极弱,是水稻需水的临界期之一,若缺水,会影响幼穗的发育,特别是减数分裂期(抽穗前10~15天)缺水,会造成大量颖花退化,形成白秆,减少每穗总粒数和增加空秕率。因此,搁田不能超过幼穗分化的三期(即颖花原基分化期),这是减少颖花退化,提高结实率的重要措施。穗发育期间,一般采用浅水勤灌,避免脱水。另外,抽穗期如遇到35℃以上的高温,会产生大量的秕谷。水源方便的田块,可采取日灌夜排的方法,既能有效地降低温度,又可增加昼夜温差,有利于抽穗扬花和结实。

4. 灌浆成熟期宜干干湿湿,忌早断水:杂交早稻进入生育后期,由于茎部通气组织功能有所减弱,要调动根系活力,发挥表根作用,必须掌握干干湿湿,以湿为主,增加土壤供氧能力,达到以水调气,以气养根,以根保叶,青秆黄熟和千粒重高的目的。1990年早季,中国水稻研究所以威优48-2和威优35为对象,出穗期开始,每隔4天剪穗,并分上、中、下三等分分别测定千粒重增长率,发现这两个组合籽粒异步灌浆明显,而且灌浆期达30天以上,比广陆矮4号长4天。至抽穗后16天的灌浆比率只有65.5%左右,比广陆矮4号低15.2%左右,表明这两个组合的后期灌浆比率高。因此,生育后期田间保持干干湿湿,更有利于早季杂交稻的灌浆,切忌早断水而影响粒重优势的充分发挥。

(六)优化措施,综合效应 1987~1990 年,中国水稻研究所,对威优 48-2 等 3 个杂交早稻,采用五元二次回归正交旋转组合设计法,开展了亩产超 500 千克的综合农艺数学模型及其优化方案的研究,得出了相应的综合优化措施方案(见表),并分别在浙西南各地经 1~3 年的大田示范验证,发挥了稀播、足龄、密植、适氮、增磷钾等综合效应,取得"灾年少减产,常年能增产,丰年达高产"的良好效果,比经验方案(对照)平均增产 4.5%~15.9%。

杂交早稻亩产超 500 千克的优化措施幅度值

组合	秧田播种量(千克/亩)	秧龄(天)	亩栽丛数(万)	氮素施用量(千克/亩)	氯化钾施用量(千克/亩)	预测亩产(千克)
威优 35	17.8~18.6	32.4~33.3	2.5~2.6	14.3~14.9	7.8~8.2	543.4±27.2
威优 35*	19.4~20.2	30.1~30.9	2.5~2.6	13.2~13.8	16~17.3	536.5±10.3
威优 1126	16.8~17.9	34.4~35.0	2.6~2.7	8.1~9.2	12.1~13.1	545.3±20.3
威优 48-2	20.3~21.1	30.7~31.3	2.4~2.4	13.3~13.9	8.8~9.4	570.3±11.3

注:*指各试验示范点的平均水平

(七)综防病虫,化学除草 预防为主,综合防治的植保方针,强调因地制宜地利用耕作、栽培以及物理和化学等一切有效综合措施,达到高效、低耗的防病治虫目的,其中化学防治效果最迅速,效益最显著。杂交早稻,主要通过下列措施达到防治要求:

1. 种子处理:采用 80%"402"2 000 倍液,或 50%多菌灵 1 000 倍液浸种 48 小时,亦可用强氯精 400 倍液浸种 24 小时(具体方法可见药品说明),对带有恶苗病、干尖线虫病、细菌性条斑病、白叶枯病和稻瘟病等的种子,均有较好的消毒效果。

2. 秧田期防治:秧苗 1 叶 1 心期至 2 叶期遇阴雨低温,

或者在青(黄)枯苗初发时,用70%敌克松500倍液喷洒;三熟制杂交早稻秧田要注意防治一代二化螟和稻蓟马,每亩可用杀虫双150克,加水40升喷雾。

3. 本田期防治:前中期以防治二化螟和纹枯病为主,中后期以稻纵卷叶螟和稻飞虱以及纹枯病为防治重点,并要注意易感稻瘟病和细菌性条斑病组合的防治工作。防治二化螟,应在枯鞘高峰期,每亩用25%杀虫双200克,或40%稻虫净100克,加水喷杀。杂交早稻一般应防治两次纹枯病,每亩可用5%的井冈霉素水剂200克喷治,时间在分蘖末期到圆秆拔节期及孕穗后期各一次。稻纵卷叶螟、稻蓟马、纹枯病、稻飞虱等多种病虫混发时,可用50%病虫清80克(即单、噻、井合剂)冲水50升喷雾兼治。破口抽穗时,对易感稻瘟病组合,或肥多嫩绿易发病稻田,每亩可用20%三环唑100克,加水50升喷治。由于杂交早稻成熟期较迟,在白背飞虱主害代发生高峰期,即低龄若虫高峰期,及时进行药剂防治。每亩可用25%扑虱灵25～30克;或25%速灭威125克,加水喷治。若兼治稻纵卷叶螟,可再加25%杀虫双200克,或用虱灭特50克喷治。

稻田杂草,不仅直接与稻株争肥,而且争夺光照,造成田间通风透光差,田间湿度大,加重病虫害发生和危害。杂交早稻秧田稀播,本田疏插,易长杂草,比常规稻的为害程度大,因此,以化学药剂为主的除草措施就显得特别重要。目前化学除草剂种类多,但用于杂交早稻的种类和方法主要有以下几方面:

(1)秧田期除草:三熟制杂交早稻秧田,若喷过多效唑,可以免用除草剂,因为多效唑兼有抑杀杂草效应。没有喷多效唑的二熟、三熟制秧田要采用下列药剂灭草:

首先亩用 60% 丁草胺乳油 50 毫升,加水 50 升喷洒,对稗草和节节草等多种一年生杂草有灭杀效果。一般要在播种前 3 天喷施,然后保持秧板湿润状态;也可拌沙土撒施,保水 3 天,然后排干田水播种。

也可每亩用 50% 杀草丹乳油 200 克,加水 50 升,于秧苗 2 叶 1 心期喷雾。喷药前将水排干,然后喷药,第二天灌水上秧板,以不淹没"秧针"为度,保持数天即生效。

每亩用 96% 禾大壮 100~125 克,加水 50 升,在秧苗 2 叶 1 心期喷雾,对稗草有特效。

(2)本田期除草:首先移栽后 5~7 天,每亩用丁草胺颗粒剂 1 千克,拌细土 20 千克撒施,用后 7 天内,田面保持 3 厘米水层。对稗草、异形莎草和节节草等杀灭效果明显。

也可于移栽后 5~7 天,每亩用 5.3% 丁西颗粒剂 0.7~1.0 千克,拌细土 20 千克撒施,用后 5~7 天保持田面 3 厘米水层,对杀灭稗草、异形莎草、节节草、紫背萍、眼子菜草、双子叶杂草,尤其对眼子草、四叶萍和鸭舌草有特效,或移栽后 5~6 天,每亩用 50% 杀草丹乳油 200 毫升,拌细土 20 千克撒施,田面保持 3 厘米水层 5~7 天。

第六章 杂交中稻高产栽培技术

杂交中稻主要分布于我国长江流域一季稻区及南方丘陵山区,以江苏、安徽、四川、湖南、湖北、云南、贵州等省面积较大。

1976 年全国开始大规模推广杂交水稻以来,已发展到 2 亿多亩,有近一半面积是杂交中稻。杂交中稻不仅面积大,而且产量潜力巨大。杂交中稻刚推广时亩产只有350千克左右，80年代初，随着栽培方法的改进，产量提高很快，1982年平均亩产达到450千克左右。80年代中后期，一批高产、优质、抗性强的新组合汕优63、D优63、威优64等大面积推广，并且良种、良法相配套，杂交中稻的产量又上一个新台阶，高产地区大面积亩产达600～700千克。山东省东安农场，1989年种植汕优63组合1 422亩，平均亩产达828.5千克，其中有60亩平均亩产达904千克，最高产量已超过吨粮。1989年，云南省永胜县涛源乡0.79亩杂交中稻D优10号亩产达1007.6千克。由于以杂交中稻为主体的复种方式具有产量高、效益好、季节矛盾少等优点，近年来有不断发展的趋势。

一、杂交中稻高产群体的生理生态指标

（一）**茎蘖动态** 杂交中稻要获得高产，必须创造适宜于杂交中稻生长发育的环境条件，使个体生长发育健壮，群体协调。亩产600千克左右杂交中稻茎蘖动态是：亩栽1.5万～2万丛，每丛茎蘖数5～6根。栽后10～15天进入分蘖盛期，每亩日增茎蘖数1.2万左右，栽后20～25天茎蘖数达到20万以上，以后分蘖速度下降，日增蘖小于1万，栽后35～40天达到最高苗30万左右，成穗率65%以上。

（二）**叶面积指数及叶粒比** 水稻主要靠叶片进行光合作用，合成碳水化合物供给作物生长发育所需。各生育阶段都要有适宜的叶面积，叶面积过大、过小，都对群体生长发育不利。根据测算，杂交中稻亩产600千克左右的群体各生育期叶面积指数为：返青期0.31±0.08，分蘖盛期4.6±1.44，孕穗期8.75±1.98，抽穗期7.89±1.33，灌浆期6.23±1.31，成熟期3.98±1.14。

杂交中稻能否取得高产,还与亩总颖花数对亩总叶面积最大值(厘米^2)的比值(粒叶比)有密切关系。粒叶比的大小与品种、氮素用量等因素有关。亩产600千克以上杂交中稻的粒叶比为0.45～0.51。粒叶比过大,则光合物质不能满足籽粒灌浆的需要,空秕粒增加,千粒重降低;粒叶比过小,则光合产物得不到充分转化,也影响产量的提高。

(三)**物质积累** 高产杂交中稻的生育前期是以氮素代谢为主,主要形成新生茎叶,物质积累较慢;中期加快,氮素和碳素代谢并重,茎、蘖、穗同时生长,物质积累孕穗期达到高峰;后期是以碳素代谢为主,物质积累又变慢。干物质积累量占总干物重的比例:幼穗分化前为25%左右,幼穗分化至抽穗期为50%左右,抽穗至成熟为25%左右。总干物积累量可达1 200千克以上。其谷物产量所占的比重即经济系数可达0.55左右。

二、栽培技术

(一)**因地制宜选用高产抗病组合** 杂交中稻分布面广,因地制宜选择适合本地区种植的杂交中稻组合是获得高产的前提,选择的原则是产量高,抗性好,熟期适宜,既能充分利用光、热、土地等自然资源,又能有利于自身和后季作物的高产。杂交稻中的迟熟组合,全生育期所需活动积温3 100～3 400℃,只适宜于海拔700米以下的地区种植。在海拔过高的地区种植会引起生育期延长,丰产性变差,受冷害的机率增加,不利于高产稳产。早中熟组合所需活动积温为2 600～3 100℃,在海拔700～1 000米地区种植中稻也能获得较高的产量。

目前作中稻栽培的杂交稻迟熟组合有:汕优63,D优63,

汕优10号，D优10号，协优46，汕优6号等；早中熟品种有：威优64，汕优64，威优35等。

（二）确定最佳播种期 确定一个适宜的播种期能趋利避害，使杂交水稻各生育期都处在一个相对适宜的环境中，以免高温、冷害、病虫等不利因素的危害。最佳播期的确定，要考虑以下因素：

首先，所确定的播种期能保证杂交中稻安全齐穗，即日均温度稳定大于23℃终日前齐穗。

其二，对环境反应较敏感的抽穗扬花期应尽可能安排在日均温25～28℃，雨量相对较少的时期，尽量避开台风、秋雨、病虫（如稻瘟病，三化螟主害代）高发期。

其三，要考虑水稻生长发育的下限温度，即日均温度稳定通过12℃时播种，防止烂种烂秧。若播种时低于此温度，应采取保温育秧措施。杂交中稻要获得高产，一般秧龄应控制在35～45天，所以要注意前茬作物的收获时间，以保证杂交中稻能在适宜的秧龄范围内栽插。

根据以上因素，对照当地的气候资料，先确定最佳齐穗期或安全齐穗期，以此按该组合从播种至齐穗所需的活动积温或经历的总天数往前推算适宜的播种期，一般杂交中稻齐穗至成熟所需的时间为35～40天，该组合的全生育期减去35～40天，即为该组合的适宜播种期。如某组合生育期为150天，当地安全齐穗期为8月20日，早春气温稳定通过12℃时的时间是4月5日。当地的障碍因子有：7月底至8月初常年有高温天气；而8月15～20日是三化螟主害代危害期。根据以上所知情况，可算出该组合从播种至齐穗约需115天，以安全齐穗期8月20日开始往前推115天是4月22日，则该组合的播期可在4月5～22日之间，考虑到要避开障碍因子对开花抽穗的影响,最佳齐穗期应在 8 月 10 日左右,得出最佳播期应在 4 月 17 日左右。

(三)培育多蘖壮秧

1. 杂交中稻壮秧的标准:形态上,一是适龄,要求秧龄 35～45 天,主茎叶龄 6.5～8 张;二是多蘖,单株带蘖 2～3 个,单株带蘖率 90%以上;三是群体生长整齐,个体间差异小。

生理上,要求单株干物质积累多,碳氮比适宜,发根力强,移栽后返青、分蘖快。

2. 壮秧的作用

(1)栽后返青快、分蘖早:有利于早发高产群体的形成和形成大穗,提高成穗率。

(2)抽穗整齐,成熟一致:对抗灾、避灾、夺取高产极为有利。

(3)物质积累快,转运率高:壮秧能较早形成群体,有利于光能的吸收利用和物质生产,前期物质积累优势明显,养分向穗部的转运率较高。

(4)省种、省钱:带蘖秧带分蘖多,可以蘖代苗,节省种子。同样的落田苗数,带蘖秧比无蘖秧省种、增产、增收。

3. 培育壮秧的方法

(1)稀播育壮秧:稀播能使每颗杂交稻种子在生长发育过程中,得到充足的光温肥水条件,在移栽前基本上不发生个体间争地、争光、争肥的矛盾,能充分发挥杂交中稻的营养生长优势和分蘖优势。一般在肥水条件较好,秧田较充裕的地区都适宜用此法。具体做法:

第一,选择土壤肥沃的冬闲田、蔬菜田或绿肥田作秧田,根据秧田肥力,适量施用农家肥。秧田采用干耕、干作、水耥,做成宽 1.5～2 米,平整通气的秧厢。

第二,种子进行浸泡、消毒、催芽处理。

第三,每亩播种量应掌握在 7.5～12 千克。播种时,芽谷应按秧厢数平均、过秤,均匀播种。

(2)喷施多效唑培育杂交中稻壮秧:喷施多效唑可以培育杂交中稻壮秧,并有控长促蘖、增产增收的作用。多效唑使用后能使秧苗高度降低 20%～30%,分蘖增加 1/3 左右。移栽到大田后返青快,分蘖发生早,穗数多,成穗率高,一般增加穗数 10% 以上,增产 5%～15%。其使用方法:使用前要把秧田水排尽、沥干,秧板上面不能积水,选晴天喷雾施药,施药 1 天后再上水。喷施多效唑的最佳施用时期是秧苗 1 叶 1 心期,最适浓度为 300ppm。每亩秧田用药量为 15% 可湿性粉剂 200 克加水 100 升,有效作用时间为 1 个月左右。

(3)两段育秧:先在温室或苗床上育成 2 叶左右的小苗,再均匀地寄栽到秧田里去。在茬口衔接比较紧张,秧龄比较长,农村劳力相对较充裕的地区,采用此法是实现高产增收的重要途径。它的主要优点:一是能培育出带蘖多、生长整齐一致的壮秧;二是大大减轻早春不利气候的影响,避免烂种、烂秧,成秧率可达 90% 以上,比普通湿润育秧成秧率高 15%～20%,并能确保杂交中稻的种植面积;三是节省用种,两段育秧分蘖多,可以蘖代苗,再加上成秧率高,亩用种量比普通育秧节省一半左右;四是生长整齐,成熟一致,增产显著。两段育秧由于早生分蘖多,成穗率高,一般比普通育秧法增产 10% 以上;五是有利于实行统一供种,统一育小苗,分户寄插,可保证秧苗质量和技术措施的大面积推广。两段育秧的具体做法是:

①温室或苗床育小苗:小温室可用木材等建筑材料搭成棚架,其大小根据需要来定,外罩 1～2 层塑料膜,内置格架放

置秧盘,一头埋锅1口,发生蒸气来控制室内温度。把经过浸种消毒的种子摊在秧盘里(秧盘0.3～0.5平方米),以谷不重叠为宜,放入温室后,先控制温度在40℃左右,种子露白后,降温到30～32℃,并每天喷水2～3次,若根长芽短,则还应增加喷水次数。一般5～7天即可长到1.5叶以上,此时应逐步降温到25℃左右,白天开门炼苗2天。2叶左右即可用于大田寄栽。

苗床育小苗适宜于光温条件较好的地区(时期)。做法是在旱地、冬干田或晒场上用泥土做成厢形苗床,苗床要求平整、土细。苗床做好后用水浇湿,然后播种,播量以每平方米0.2千克为宜,播后用细土覆盖、浇湿,盖上塑料薄膜,生长过程中应常浇水保持土壤湿润,到1.5叶左右时白天揭膜炼苗,2叶左右即可用于寄栽。

②寄秧:在两段育秧中,提高秧苗素质的关键是寄秧技术。其中心环节是根据茬口早迟、秧龄长短,掌握好寄秧密度。寄秧过密,达不到二段育秧培育壮秧的目的;太稀则浪费秧田。一般主茎叶龄6.5张移栽,总秧龄35天左右(其中寄秧田25天左右),单株带蘖2～3个的寄秧密度为3.3厘米×6.6厘米,以此为基点,每增加一个叶龄(约增加6～7天秧龄),寄栽密度放大10.9厘米^2,这样才能保证最大限度地节约秧田,又能培育多蘖壮秧。

此外,也可采用旱育秧、半旱育秧等技术。

(四)本田移栽技术 杂交中稻要获得高产,本田移栽要做到:

1. **双株栽插**:杂交中稻产量构成因素中,穗数占首要地位,在适宜的穗数范围内,穗数增加,产量随之提高,据调查分析表明,杂交中稻高产的有效穗数范围是16万～22万/亩,在此基础上争大穗,提高结实率和千粒重。为达到这一目的,除培育壮秧外,还要靠一定的落田苗数,以提高主茎穗和优势分蘖穗的比例。各地经验证明,高产的杂交中稻要求亩栽 1.5 万～2 万丛,落田苗数达到 8 万～10 万/亩,秧田苗的成穗数占有效穗的 40%～50%。所以,在培育带蘖壮秧的前提下,还要双株栽插才能实现上述指标。

2. 宽行窄株:杂交中稻株高(1.1 米以上),群体大,采用宽行窄株栽培不仅为田间管理带来方便,还能改善田间通风透光条件,降低基部湿度,增加边际效应,有利于分蘖成穗和减轻病虫害的发生。宽行窄株的行株比例以 2∶1 或 2.5∶1 为宜。如亩插 1.5 万丛,行株距为 29.5 厘米×14.7 厘米或 33.3 厘米×13.3 厘米;亩插 2 万丛,行株距为 25.6 厘米×12.8 厘米或 28.5 厘米×11.4 厘米。

3. 半旱式栽培:水稻半旱式栽培是在稻田中按一定规格起沟作埂(垄、厢),沟中灌水,埂面栽秧,实行浸润灌溉的一种栽培方法。适宜于冷、烂、锈等渍水低产田,能较好地调节土壤中的水、气、肥、热、微诸因素间矛盾,促进根系生长,从而达到增产目的,一般比平作水稻能增产 10%～15%。主要做法是:

(1)整田做埂:一般冬水田在翻耕后等泥沉实即可做埂,也可在栽秧前 5～7 天做埂,过早做埂易滋生杂草。烂泥田和土体太糊的田应分两次做埂,提早到栽秧前 7～10 天做埂,第一次做成粗埂,待 2～3 天后再加高整理成形。埂面宽度和高度为 20 厘米左右,沟宽为 35～40 厘米。

(2)栽秧:冷烂锈田栽 7～9 叶大苗多蘖壮秧,一般冬水田栽 5～6 叶中苗壮秧。秧苗栽在埂两侧靠近水面稍下,即每埂上栽两行,行距 18～20 厘米,株距 12～15 厘米,每丛插双株。

(3)肥水管理:半旱式栽培的施肥量与一般栽培基本相

同,缺锌田可每亩增施锌肥1千克左右。应重施底肥,一般占总氮肥量的70%～80%。早施追肥,栽后5～7天施占总氮肥量的20%～30%。磷钾肥可作基肥,也可在做埂时施于埂上。

水分管理的要点是实行半旱浸润灌溉,栽秧后埂面保持浅水,进入分蘖期及时降低水位露出秧苑,保持半沟水,以后一直实行浸润灌溉。

(五)合理施肥,科学管水

1. 杂交中稻的需肥特点:杂交中稻有别于常规稻和杂交早晚稻的需肥特点:①高产杂交中稻根系发达,吸肥能力强,群体物质积累多,要求有较高的肥料供应;②杂交中稻生育期长,特别是籽粒灌浆时间较长,后期需有一定的氮素,保证功能叶不早衰;③高产杂交中稻需有较多的钾肥供给。

2. 施肥量:杂交中稻每生产100千克稻谷需从土壤中吸收氮素1.5～2.2千克,磷酸0.8～1.1千克,氯化钾2.1～3.2千克,三要素之间的比例约是2:1:3。杂交中稻的施肥量因品种、土壤肥力不同,各地区差异较大,施肥量决定于品种特性、产量目标及土壤的供肥能力。一般亩产600千克左右需施氮素10～12千克,过磷酸钙30～50千克,氯化钾10～30千克。

3. 施肥方法:杂交中稻的施肥原则是前促、中稳、后保、氮磷钾配合。前促即底肥要施足,追肥要施早,以促进分蘖早生快发。底肥要以农家肥为主,配合施用化肥,一般占总氮素用量的50%～60%。追肥在栽秧后5～7天抓紧施用,用量占总氮量的20%左右。到栽后15天前后看苗再补施1次,用量占总氮量的10%左右。中稳即中期要稳得住,使苗峰不太高,成穗率不低。一般情况下不施氮肥。后保即后期要保得牢,防止上3叶片早衰,要强调使用促花肥或保花肥。促花肥是在第一苞分化期至第一次枝梗分化期施用的氮肥,作用是提高全株含氮水平,促进枝梗、颖花分化,有增穗增粒作用。保花肥是在雌雄蕊形成期至花粉母细胞形成期施用的氮素肥料,作用是提高叶片含氮量,延长功能叶寿命,有加强光合作用,增加光合产物,减少颖花退化,增粒、增重、提高结实率的作用。保花促花肥应根据具体情况选择使用,中后期长势过旺的田块不宜使用。长势平稳的,宜使用保花肥,以保花增粒为重点。群体发展不足,后期长势较差的可两种都施。施肥量一般占总用氮量的10%~15%。

4. 稻田以水带氮肥深施技术:将稻田施肥与灌水方法相结合,在施肥前对稻田停止灌水,晾田数天,尽可能使土壤处于水不饱和状态,再把氮肥表施,然后浅水漫灌,让氮肥随水下渗带入土层中,达到氮肥深施的目的。此技术可提高氮肥利用率9.2%~14.3%,平均减少氮肥损失6.5%,亩节约尿素2~5千克,平均增产稻谷4%~10%。具体做法是:

(1)开沟轻搁:秧苗返青后,开沟排水轻搁田,使稻田表面无渍水或有细裂缝,土壤水分处于不饱和状态。

(2)施肥:把所用化肥均匀撒施于土表,一般可比常规施肥法减少用量20%~30%。

(3)灌水:施肥后应立即灌水,并掌握细水漫灌,使肥料边溶解边随水下渗。切忌大水冲灌。

5. 水分管理:杂交中稻的水分管理应注意两点:一是要适当晒田。晒田能控制无效分蘖,促进有效分蘖成穗,提高成穗率;能改善田间小气候,有利于减轻病虫害的发生;能使根系深扎,茎秆老健,有利于抗倒。一般亩苗数达到25万左右或幼穗分化前即可晒田,晒到"田边开小坼,下田不陷脚",老根深扎,白根露面为止。二是要干干湿湿养老稻。杂交中稻穗大粒多,且强、弱势颖花灌浆有顺序性,灌浆时间相对较长。后期保持干湿灌溉,养根保叶,适当延期收获,有利于弱势颖花的灌浆充实,可提高结实率和千粒重。

(六)综合防治病虫害 杂交中稻生育期较长,病虫害相对较多,主要有稻瘟病、纹枯病、稻飞虱、稻纵卷叶螟、稻螟虫等。有些病虫害还交叉发生,反复危害。因此,病虫防治应采取抗、避、治相结合的综合防治措施。

1. 抗:选用抗病虫品种,并通过栽培措施培育健壮个体和合理群体,增加对病虫害的抵抗能力。

2. 避:通过调整茬口、品种生育期、播种期等措施,使水稻的生育进程不利于害虫(如三化螟)的世代交替,避过其主害代的危害。

3. 治:在病虫发生达到防治要求时,采用药剂防治。药剂防治应注意以下几点:

(1)重点防治与联片联防相结合:对一些重病区应进行重点防治,防治病虫流行。对稻飞虱、稻纵卷叶螟等迁飞性害虫应进行联片联防,以提高防治效果。

(2)选用高效、长效、低毒、低残留农药:如用扑虱灵防治稻飞虱,每亩用药 25 克,药效长达 25 天左右,且对人畜安全。

(3)1 次用药兼治几种病害,减少用药次数:如用扑虱灵加井冈霉素(即市售的虱纹灵)可同时防治纹枯病和稻飞虱,用三环唑和杀虫双在水稻破口期施药可同时防治穗颈稻瘟和三化螟主害代。

第七章 杂交晚稻高产栽培技术

杂交晚稻主要指双季晚稻栽培。根据多年试验,在同等生产条件下一般比常规品种每亩增产 50 千克以上,增产幅度在 8%～10% 以上,对我国晚稻产量水平的提高起到了巨大作用。杂交晚稻种植主要分布在湖南、湖北、江西、广东、广西、福建及浙江南部等地,这些地区既是我国双季稻的主要种植区,也是我国南方水稻的主产区和高产区。由于杂交晚稻适应性广,抗逆性强,米质较优,食味性好,增产潜力大,所以在我国南方稻区已成为晚稻的主栽对象,年种植总面积已达 5 000 万亩以上,占双季晚稻种植总面积的 40% 左右,在粮食生产中占有举足轻重的地位。

一、杂交晚稻的主要优点

(一)适应性广 杂交晚稻无论是在平原湖区,还是在丘陵山区,无论是在土质好的田,还是土质较差的田都能种植,且普遍能够增产。同时,杂交晚稻秧龄弹性大,在稀播或两段育秧条件下和适宜播期、插期的范围内,早插的能够增产,适当延长秧龄的也不致于出现早穗现象而减产。

(二)增产潜力大 各主要种植区均出现了大面积亩产 500 千克以上,小面积亩产超 600 千克的高产田。浙江省南部及中部地区是杂交晚稻的主要高产区。如龙游县 1988 年 12 110.48 亩协优 46 平均亩产 468.97 千克;3 个百亩中心示范方,平均亩产 511.2 千克;最高田块面积为 2 亩,平均亩产达 610.6 千克。又如浙江省江山市风林乡后周村 1.7 亩汕优

6号,亩产达602千克。

(三)抗逆性强 杂交晚稻由于生长旺盛,根系发达,很多优良组合表现出耐淹、耐旱。在冷浸田、深泥田中种植也能较大幅度地增产。同时,杂交晚稻茎秆粗壮,抗倒伏能力强,对某些病害也有较强的抗性。

(四)米质较优、糙米率较高 杂交晚稻一般蛋白质含量较高,营养价值也较高,如汕优6号的粗蛋白含量为9.91%,高于常规晚稻品种。同时,杂交晚稻出糙米率均在80%以上。且食味较好,商品价值高。

(五)有利于种植制度的改革 杂交晚稻一般比晚粳稻要早熟10~15天,给夏粮、夏油及冬季开发腾出了早茬口,为全年三熟高产创造了条件,尤其在目前大力发展高产、高效农业的新形势下,为冬季开发,增加效益,提供了优越的茬口条件,对发展"一优二高"农业,促进粮食生产的稳定增长,具有重要意义。

二、杂交晚稻栽培的特点

杂交晚稻高产、高效栽培是根据其生育特性而采取的相应栽培措施。在技术思路上主要以提高壮秧率、提高成穗率、提高总颖花量、提高结实率和提高千粒重为中心的栽培技术特点。

(一)各生长期栽培特点 总的来说栽培技术上是针对"早发、中稳、后不衰"高产群体的需要,充分利用光能,增加物质生产和积累。

1. 促进早发:早发的生理意义在于迅速占领空间,积累较多的光合产物,搭好丰产架子,以利于争取早生分蘖成穗,实现足穗、大穗、高产。

2. 调控中期稳定生长:由于杂交晚稻营养生长比较旺盛,早发易引起群体生长过旺、过大,可能导致恶化中后期群体受光条件,影响后期光合产物积累,从而造成穗少、粒少、千粒重低,产量不高。因此,进入生育中期应及时晒田、控氮,调节生育过程,达到"早发不过头,中稳不落劲"的长相要求。中稳的生理意义在于实现稻株体内氮代谢的转折,由前期扩大型生长过渡到积累型生长,增加茎鞘干物质贮藏量,为壮秆大穗的形成以及后期向籽粒运转奠定基础。

3. 防止后期早衰:后期不衰的作用是保持顶部叶片有较长的功能期和较高的光合效率,直接为籽粒灌浆提供充足的养分来源。

(二)杂交晚稻高产的长势、长相指标要求

1. 前期:一般 30~40 天秧龄移栽,栽后 3~5 天返青,7~10 天见分蘖,15~20 天内达到穗数的苗数每亩 21 万~23 万苗,35 天左右封行,但封行不封顶,叶片不披垂。

2. 中期:叶色适时转淡,形成茎粗充实,叶片挺直的高产苗架。高产田块当苗数接近穗数苗数(90%左右)时,通过晒田叶色由浓绿转为淡绿,叶形由披散转为直立,茎基由扁转圆。且基部地上伸长的第一二节节间短,第一节间长度约为 0.5 厘米。

3. 后期:抽穗成熟整齐,功能叶寿命长,叶青籽黄。要求见穗至始穗为 1~2 天,始穗至齐穗为 7 天左右,齐穗到成熟为 35~40 天。

三、杂交晚稻高产的必要条件

杂交晚稻高产除了必要的投入外,选好杂交组合,安排好茬口,确保安全齐穗,培育多蘖壮秧最为重要。

(一)**选好优良组合** 目前杂交晚稻的组合类型很多,主要是不育系珍汕97A、协青早A、威20A等与恢复系明恢63、密阳46等配制的杂种第一代。由于我国双季稻区地域广阔,生态类型各异,对组合的要求也不尽相同。根据不同地区、不同生态条件及不同耕作制度,选择适宜的杂交组合,是充分利用光温资源,发挥杂交优势,获得高产稳产的基础。在选择时主要掌握以下原则:一是丰产性好、产量高,亩产比常规水稻至少高50千克以上,这样经济上才合算;二是抗性好,能高抗或中抗当地两种以上主要病虫害;三是适应当地的种植制度,有利于当季和前后季增产;四是米质优,达到中上等水平,且食味性好;五是制种容易,杂交制种产量高,有利于降低种子成本,提高经济效益。

(二)**安排好茬口** 由于杂交稻组合的父本来源于热带地区,受亲本遗传的影响,使杂交稻对温度的要求较高。在其一生中,尤其是花粉母细胞减数分裂期(剑叶定型期)和抽穗期对低温最敏感。杂交晚稻安全齐穗期需要日平均气温在23℃以上,日最低气温在18℃以上。因此,在杂交晚稻栽培中,安排好茬口,确定适宜的播种期和移栽期,确保孕穗正常进行和安全齐穗与灌浆是非常重要的。这是实现杂交晚稻高产、稳产的前提。各地在具体安排时,要视茬口的早迟选择适宜生育期的杂交组合。在选定组合的基础上,根据常年从播种到齐穗所需要的天数和当地的安全齐穗日期往回推算(倒推法)来确定该地的最佳播种期和移栽期。在保证杂交晚稻稳产、高产的同时,实现季季高产和全年高产。

(三)**培育多蘖壮秧,奠定高产基础** 杂交晚稻生育季节紧,本田营养生长期短,培育多蘖壮秧更为重要。同时杂交稻种子十分珍贵,价格较高,降低种子用量与成本,合理利用杂交水稻分蘖优势和发挥其个体生产潜力,是杂交晚稻高产高效栽培的一大特点,也是实现杂交晚稻高产的基础和关键。

1. **多蘖壮秧的特点**:多蘖壮秧的生理素质好,根系发达,单株叶面积大,叶绿素含量高;移栽后发根力强,返青迅速,利于形成早发群体,发挥杂交晚稻前期干物质生产和积累优势,以及单株生产潜力大、低位分蘖多、分蘖成穗率高等高产优势。同时,能促使抽穗整齐,提早成熟,达到以蘖代苗,节省用种量和种子成本的目的。

2. **壮秧指标**:杂交晚稻壮秧指标因组合、育秧方法和秧龄的不同而有差异。对于早熟组合、秧龄在30天以内的一段小苗或中苗,要求秧苗匀壮,带蘖率高,株矮基宽,根多、根短,且白根比例高。对于中迟熟组合,秧龄在30天以上的一段或两段育秧培育的大苗,要求苗高35~40厘米,单株带蘖数2~4个,主茎叶龄8~10张,茎基宽0.8~1厘米,单株根数50~60条,白根占70%以上,地上部单株鲜重3.5~4.5克,百株干重75克以上;同时,秧龄适宜,要求母茎在本田期至少能长出3片新叶再进入幼穗分化期,因此,秧苗的叶龄以不超过主茎总叶数减6为宜。

四、多蘖壮秧的培育技术

(一)**整平土地,做好通气湿润秧田** 秧田应选择土壤肥力高,土层深厚,通风向阳,排灌方便,杂草少的田块,秧本比以1:8~10为宜。要求做到田平、土细、泥融、肥足、通气、爽水、无杂草,为提高成秧率,促进根系生长,培育多蘖壮秧创造良好的土壤条件。

(二)**种子处理** 杂交种子的成熟度和充实度均较差。播种前要晒种2~3天,并用清水选种,漂除全秕谷,把下沉的饱谷与悬浮的半饱谷分开浸种、催芽和播种,以提高发芽势、发芽率和出苗整齐度。为防止种子带病,常用402或强氯精等药剂预浸消毒,然后换清水浸种。药剂剂量及预浸时间,要根据药剂的种类及使用说明确定,以免造成药害而影响种子发芽势和发芽率。

(三)**适期播种,稀播匀播** 稀播是培育多蘖壮秧的关键。播种量依秧龄长短而定,以亩播7.5～15千克为宜。一般秧龄短,适当多播,秧龄愈长则播量愈少。掌握播种量的原则是移栽前分蘖不出现死亡或叶面积指数不超过3.5;同时,要保证一定的秧田与本田的比例,避免过于稀播,秧本比太小,专用种田大,而影响早稻的总产量。

(四)**育秧方法**

1. *匀播一段育秧法*:由于杂交晚稻播种量少,播种的技术操作要求高。因此,播种时要带秤下田,分厢(畦)匀播,播种方法宜采用1次稀播,2次填空,3次点匀。播后要塌谷、覆盖(焦泥灰或细土)、防鼠、防雀、防杂草,以提高成秧率。并在1叶1心时移密补稀,达到均匀一致的要求。

2. *小苗两段育秧法*:小苗两段育秧法是指秧龄在45天以内的两段秧苗的培育。先按普通秧育方式育成小苗,然后进行小苗密植寄秧,经历一定时间再将寄秧移栽于大田。小苗两段育秧的播种量较大,一般为每亩60千克左右,寄秧密度一般为4.5厘米×4～4.5厘米。采用小苗两段育秧法有利于培育多蘖壮秧,提高秧苗素质和增加产量。但用工量较大,成本较高。在季节较紧、劳动力比较充裕的地方可以采用。

3. *大苗两段育秧法*:大苗两段育秧法是指秧龄在45天以上的特长秧龄秧苗培育。为了缓解季节矛盾,避免特长秧龄早穗现象的发生,确保杂交晚稻高产,在有些地区采用大苗两段育秧法,培育长秧龄、多分蘖的老壮秧。其育秧方法与小苗两段育秧法类似,但寄秧时间更长,对寄秧质量和密度要求更高。大苗两段育秧法是在特长秧龄条件下获得杂交晚稻高产的一项重要措施。

4. **应用多效唑**:多效唑是作物生长调节剂,在杂交晚稻育秧上应用效果最佳。对于促进秧田分蘖,根系生长,培育多蘖壮秧,抑制秧苗徒长,控制苗高以及移栽后防止败苗,提早返青,都具有明显的效果,增产作用十分显著。多效唑的作用机理在于它能有效抑制顶端生长,促进腋芽生长和横向生长,使根多根短,且集中于表土层;使分蘖增多,空位蘖减少,分蘖叶位低;使叶鞘、叶片短厚,叶色浓绿,叶鞘充实,基宽株矮。目前多效唑已成为杂交晚稻秧苗培育中的关键性药物。施用含量为15%的多效唑粉剂200克加水100升配成浓度为300ppm的溶液,于秧苗1叶1心期前后选择晴日均匀喷施在秧板上,通过根及叶片吸收而起作用。施用时秧板不能有积水,否则会降低药液浓度,影响效果,若喷施后遇降雨,会造成药液流失和浓度降低,应及时予以补施或重施。多效唑的有效作用期(主要指控制苗高)一般为35天左右。对于秧龄在35天以内的中小苗也可采用多效唑直接浸种的方法,通过种子直接吸收可以起到相同的作用效果,且方法简便易行。浸种时的浓度一般为100ppm,即每100升水加15%多效唑粉剂65克左右。但对秧龄超过35天的大苗不宜采用。因为秧龄超过35天后,多效唑已不能控制苗高,反而使秧苗生长加快,容易引起徒长,给移栽带来困难,降低增产效果。

5. **秧田期的肥水管理**:稀播匀播是培育多蘖壮秧的基础,但必须通过合理的肥水管理才能达到培育多蘖壮秧的目的。在稀播或两段育秧的条件下,杂交晚稻一般在第一、第二节位出生分蘖,按蘖叶器官相差3个节位同伸的规律,第二节位出生分蘖时间正是主茎第五叶的生长期。秧苗叶面积一般从第五叶开始迅速增大,此后因叶面积增大,秧田郁蔽程度增大,分蘖速度减慢并逐渐停止。因此,在秧田期肥水管理上应根据秧龄长短及茬口早迟,采取相应的肥水管理措施。

(1)早熟茬口、秧龄不足30天的中小苗肥水管理:由于茬口早(一般在大暑之前移栽),秧龄较短,因而在肥水管理上重点是促进分蘖早生快发,要求在1叶1心期开始上水,追施断奶肥,一般亩施尿素3千克左右,并保持薄水层。施后7~10天再追施1次,一般亩施尿素5千克左右,氯化钾5千克左右,以促进第一、第二叶位分蘖按时出生,避免第一、第二叶位出现缺蘖现象。待移栽前3~5天重施起身肥,一般亩施尿素7.5~10千克,以促进移栽到大田后早生新根,提早返青和早生分蘖。但对起身肥的施用,一定要掌握好时间,施后必须在3~4天内移栽,否则会因氮素由根部吸收输送到叶部,造成叶片嫩绿,含氮量过高,移栽后败苗现象严重,导致返青期延迟,生长缓慢,分蘖迟发,导致穗少、穗小,产量降低。

(2)中熟茬口、秧龄35~45天大苗的肥水管理:该茬口一般于7月下旬移栽,采用一段稀播或小苗两段育秧。在强调培育多蘖壮秧的同时,要求秧苗壮健,叶挺不披。在肥水管理上应遵循"前促、中稳、后送"的原则。前促就是在秧苗2叶1心期适量追施促蘖肥,以促进第一、第二叶位分蘖按时出生,并保持秧板有浅水层,为分蘖发生提供良好的水分条件。中稳就是在秧苗5叶后控制施氮,并适当控水,防止秧苗生长过旺或徒长,促进根系生长和早生分蘖,形成大蘖壮蘖,避免分蘖过多造成蘖小、蘖弱和发生死亡。后送就是在移栽前3~5天重施起身肥,以促进新根发生,利于拔秧以及移栽后早生快发和分蘖成活。同时,在水分管理上,后期应保持秧田有适当水层,避免干干湿湿造成根系生长过深,土壤板结,拔秧困难,植伤加重。

(3)迟熟茬口、秧龄45天以上大苗两段秧苗的肥水管理:该茬口较迟,一般要到7月底至8月初才能移栽。在培育秧苗时常采用大苗两段育秧法,以避免因秧龄过长,产生早穗现象。该茬口秧苗的培育过程中既要注重多蘖壮秧的培育,又要保证育足秧苗。由于要通过假植后再移栽到大田,因而秧田占用面积较大,秧本田比例较低,一般仅1∶5～6。留足秧田面积或利用间套措施保证假植空间充足对培育多蘖秧至关重要,并确保种足晚稻面积。在肥水管理上,第一段秧苗期应及时追施"断奶"肥和及时上水,以保证小苗生长健壮,叶片嫩绿。至3叶期前后开始寄秧,假植于专用寄秧田或间套田中,注意假植密度适当减少,为4.5～6.3厘米×4.5～6.6厘米。并及时追肥,以促进早生分蘖,形成多蘖、大蘖壮秧。后期管理与上述中熟茬口相类似。

6. 防除杂草,带药下田:随着除草剂的引进和大量新型水田除草剂的问世,化学除草已成育秧的一项重要技术措施。尽管除草剂种类很多,但在施用方法和时间上主要是采取播前土壤处理和播后苗期施用。土壤处理就是在秧田做好后,于播前5～7天灌寸水喷施除草剂,直到播种前将水排干再播种。这样可以有效地抑杀秧田杂草及杂草种子。苗期除草剂一般是在2叶1心期前后结合秧田上水,用喷雾器喷洒或拌肥施用。它能有效地抑杀杂草萌发和杀死幼小杂草。但要注意喷施浓度和剂量,避免伤苗。具体用量要根据所选用的除草剂使用说明确定。除草剂的选用也应根据当地主要杂草种类有针对性地选择。

杂交晚稻育秧期也正是病虫多发生时期,因此,需注意病虫的防治,做到带药下田。一般常用呋喃丹每亩2千克左右,于播种时均匀抛撒在秧板上,以防止苗期病虫发生。并在移栽前2～3天亩施50克甲胺磷,做到带药下田,防止秧田的虫卵带入本田。同时,在秧田后期要注意对纹枯病的防治,一般需喷井冈霉素等1～2次。近年来,由于白叶枯病的大量发生,给杂交晚稻栽培带来很大威胁。因此,提倡在苗期(3叶左右)用叶青双、噻枯灵等药剂100克,加水40升喷施,可以起到预防后期白叶枯病发生的作用。

五、早发稳长,建立高产群体的技术

(一)合理密植,提高种植质量

1. 利用分蘖优势,插足落田苗,力争足穗大穗高产:杂交晚稻是依靠分蘖成穗而获得高产的。因此,合理密植既要使个体有一个合理的发展空间,充分发挥大穗优势,又要保证群体协调生长,以利于穗数、粒数和粒重三者协调发展。杂交晚稻虽然分蘖力强,但其有效分蘖期不如杂交中稻或单季晚稻长。特别是对中迟茬口栽插的长秧龄大苗,移栽后能发生分蘖的蘖位少,且蘖位高,因此,合理密植,插足落田苗尤为重要。对于早插的中小苗一般亩插1.5万～2万丛,行株距为20厘米×20厘米或20厘米×17厘米,每丛1～2本。亩落田苗8万～10万,利用秧田分蘖和本田分蘖并重,亩最高苗25万～28万左右,亩有效穗18万～20万,主攻大穗高产。对于中迟插的大苗一般亩插2.5万～3万丛,行株距为20厘米×13.3厘米或17厘米×13.3厘米,亩落田苗为15万～18万,以利用秧田分蘖为主,利用部分本田分蘖,亩最高苗30万左右,亩有效穗21万～23万。实现足穗高产。

2. 栽插方式：在栽插方式上，可采用等行距种植，也可采用宽窄行种植。一般来说，等行距种植分布均匀，光能利用和地力利用较均匀，分蘖快且多，而宽窄行种植，封行迟，通风透光好，管理方便，更有利于获得高产。

(二)提高插秧质量，促进大田早发

1. 提高拔秧质量：主要是拔秧手势，要求手指抓秧要低，近土起苗，减少断苗和损害秧苗，保留较多根群和适量根土，以减轻植伤，缩短返青期。

2. 适当浅插：杂交晚稻苗体较大，容易深插，这是影响大田早发的重要原因之一。适当浅插是促进早发，争取较低叶位分蘖，提高成穗率及每穗粒数的重要一环。一般以 3.5～4.5 厘米深为宜。

3. 减轻植伤：在移栽过程中尽量减少秧苗植伤，也是促进大田早发的重要环节。预防和减轻植伤的关键是培育健壮秧苗。氮肥用量过多或起身肥施得过早，都易使秧苗生长柔嫩，降低抗逆能力而加重植伤，特别是对中迟插的大苗，培育老壮秧尤为重要。对于叶色偏嫩、叶片过长或披垂的秧苗，移栽时可以摘除叶片顶端 1/4～1/3，以起到减少蒸腾失水、减轻败苗、提早返青的作用。

(三)搞好分蘖期肥水管理，确保早发稳长　在插足落田苗的基础上，通过加强分蘖期肥水管理，以保证早发稳长。氮肥是影响分蘖的重要因素。在高产条件下氮肥作用的充分发挥，是通过与磷钾肥的合理配比来实现的。因此，要重视氮磷钾肥的合理配比、平衡施用。

1. 早施分蘖肥：杂交晚稻高产栽培一般亩需总氮量为 10～12.5 千克。早施分蘖肥可提高土壤供肥强度，使分蘖期叶片迅速上色，体内氮代谢旺盛。

(1)基、蘖肥一次基施法:将蘖肥提前到栽插前与基面肥一起施用,占总需氮量的80%左右。这种方法具有供肥时间早,且因结合整地深施,肥效较长,有利于分蘖早发稳发,但易造成流失。在供肥能力弱、渗漏严重的土壤上不宜采用。

(2)预测定量施用分蘖肥法:是根据达到穗数所需要的苗数定量施用分蘖肥。如某田块落田苗数为每亩10万,要求穗数苗数为每亩22万,并要求在返青后10天内达到穗数苗数。根据每千克尿素每天每亩约产生1600个分蘖,则需亩施尿素7.5千克。这种方法可以有效地控制氮肥用量,减少浪费。同时,可以防止肥料过头,分蘖过多过旺。但在具体应用时需根据当地土壤生态条件及组合类型、秧龄长短等,对每千克尿素每天每亩产生分蘖数的参数,作适当调整。分蘖肥用量的计算公式为:

$$\text{分蘖肥用量(尿素千克/亩)} = \frac{\text{穗数的苗数(万/亩)} - \text{当时的田间实际苗数(万/亩)}}{\text{预期天数} \times 1600 \text{(千克·亩·天)}}$$

这里的预期天数,是指施用分蘖肥的时间到预期穗数苗的有效分蘖天数。

(3)普通施用蘖肥法:是在移栽后5～7天,结合耘田除草追施分蘖肥。一般亩施尿素10千克左右,施后7～10天再看苗情补施或不施。

杂交晚稻对磷钾肥的需要量较大。磷是细胞质和细胞核的组成成分,对促进根系生长、叶片生长和籽粒的形成具有重要作用。钾是水稻需要的常量元素之一,在核酸和蛋白质的形成过程中,起着活化剂的作用,也对体内碳水化合物的合成和运输有密切关系。特别对淀粉、纤维素、木质素等多糖物质的合成与运输具有重要影响。钾还可适当抑制氮的吸收,从而降低非蛋白氮含量,有利于水稻籽粒饱满,增强机械组织,使茎秆坚韧,提高抗倒、抗逆能力。因此,在施用分蘖肥时除注重氮肥外,还必须配合磷钾肥的施用。一般亩施15~20千克过磷酸钙,全部作基肥一次施入,亩施7.5~10千克氯化钾,约60%作基肥施用,40%与穗肥配合施用。这样有利于前期早生快发,中期稳长,后期干物质运转快,实现穗大粒多,高产稳产。

2. 实行"浅、露、晒"相结合的水分管理：杂交晚稻对水、气反应比较敏感,协调水气矛盾,满足供水供气,是高产栽培的重要措施。通过合理的水分管理,达到以水调气,以水调肥,促进杂交晚稻个体健壮,与群体协调的目的。杂交晚稻分蘖期水分管理的目标是,早发稳长。宜掌握浅水移栽,寸水活苗,湿润分蘖,适时晒田相结合。

移栽至返青期间,秧苗因根系受到损伤,吸水力弱,容易失去水分平衡而发生凋萎死苗或严重败苗。因此,宜采用浅水移栽,栽后及时加深水层,为秧苗提供一个温湿度比较稳定的环境,以减少秧苗蒸腾,有利于早发新根,加速返青。

秧苗返青后,为了促进根旺苗壮,早生快发分蘖,应实行浅水活灌。这样既可提高土温,增大昼夜温差,又可增加土壤氧气和有效养分的供应,从而促进秧苗早分蘖多发根。同时,浅灌还有利于秧苗基部受光,抑制叶鞘徒长,减少病害。适时进行短期排水露田,可收到以气养根、以根促苗的效果。

适时晒田就是达到穗数苗数时,及时晒田。通过晒田既能改善土壤环境,促进根系生长,又能控制地上部长势,抑制无效分蘖,巩固有效分蘖,增加茎鞘物质积累。杂交晚稻晒田应掌握适度,做到恰到好处。一般以不陷脚,有微裂,冒白根为宜。对土壤肥力高、长势旺的田块,可适当重晒。

六、中后期管理技术

(一)促进中期稳长,培育壮秆大穗 单位面积的总粒数是由相应的总颖花数为基础逐步发展形成的。杂交晚稻穗粒优势明显,是培育大穗的有利生物学基础。但是,要使这种有利生物学基础成为现实,仍须根据穗粒形成规律,采取相应的栽培技术措施。

颖花分化数主要取决于枝梗分化期的氮代谢水平。当植株含氮量高时,则分化的枝梗数和颖花数就多,反之则少。而退化颖花数则主要受穗形成期碳水化合物含量的影响,碳素营养丰富,颖花退化就少,反之则多。所以,颖花分化与成花数常具有明显的相互制约和相互补偿作用,即分化颖花数多时,退化颖花数也增多,以致最后成花数反而减少。因此,在高产高效栽培中增粒的重点,不是放在过多的分化颖花数,而是放在减少颖花退化上。培育壮秆大穗的关键在于稳氮促碳,控制徒长,达到群体大小适宜,群体结构合理的长相要求。

(二)巧施穗肥 穗肥因施用时期和作用的不同,可分为促花肥和保花肥。促花肥施用的有效时期是在倒三叶伸长期,主要作用是巩固有效分蘖,促进枝梗和颖花分化,兼有增穗、增粒的效果。保花肥的施用时期是倒二叶定型,剑叶开始伸长期。其作用在于提高叶片叶绿素含量,增强光合作用,增加光合产物,促使颖花发育正常,增大谷壳体积,兼有增粒、增重和提高结实率的多重效果。尽管促花肥与保花肥均有其特殊的增产作用,但因促花与保花的相互制约和相互补偿效应,在生产上,要同时取得两者的最大增产效果是比较困难的。所以两者的增产效果的发挥,都是有相应的具体条件,如果施肥不当,前后比例失调,不但不会增产,还会导致减产。因此,穗肥施用技术应以苗情诊断为依据,结合土壤及前期施肥情况,灵活掌握,正确施用。对于肥力水平中等,前期追肥适当,群体大小适中的田块,应以保花增粒为重点,只宜施用保花肥。对于土壤肥力较低,前期施肥不足,群体偏小,个体生长偏弱的田块,可早施重施促花肥或促花、保花肥均施。对于土壤肥力高,前期施肥重,群体发展大的田块则不宜再施穗肥。

穗肥的用量应根据全生育期施肥情况和前期采用的施肥方法来确定。对前期重施蘖肥,肥料用量较多的田块,穗肥宜少施或不施;对前期蘖肥施用适量或施量较少的田块,应适当重施穗肥,以增加成穗率、每穗总粒数和结实率。

穗发育既是氮素的第二次吸收高峰期,也是吸收磷、钾肥最多的时期。因此,穗期施用应配合增施磷、钾肥,以促进碳水化合物的形成与运转,培育壮秆大穗,以提高结实率与粒重。

(三)灌好孕穗保胎水 稻穗发育时期,气温较高,植株生长旺盛,叶面蒸腾量大,是杂交晚稻一生中需水量最多的时期,特别是孕穗期,对水分极为敏感,缺水容易造成颖花发育不良、退化、空秕粒增加,因此,进入穗发育期应及时灌水,满足穗发育对水分的要求,以减少颖花退化,提高结实率。整个发育时期的水分管理以浅水灌溉为主,也可采用间隙灌溉,以促进根系活力,保持中后期根系有较强的吸肥能力,获得更高产量。

(四)防止早衰,提高结实率和粒重 杂交晚稻进入生育后期,生长优势减弱或消失,光合能力逐渐下降。加之,气候因素的干扰,使结实率和粒重变幅很大,是限制杂交晚稻高产的重要因素。因此,在充分发挥杂交晚稻前中期优势的基础上,还必须增强生育后期的生产能力,防止早衰,以提高结实率和粒重。其主要技术措施是：

1. *补施粒肥，延长绿叶寿命*：一般于破口期或灌浆期施用，用量一般为亩施尿素2～3千克。在缺硼地区，于生育后期适量追施硼肥，对提高结实率和籽粒饱满度也有明显效果。

2. *根外追肥*：在灌浆期或破口期可用磷酸二氢钾100克加水50升喷施。能增强稻株抗寒能力和光合作用，促进营养物质运转，从而减轻低温冷害，加速灌浆成熟和增加粒重。

3. *加深水层，以水保温*：在穗分化后期和抽穗期若遇到低温寒潮，可通过加深水层，以水保温，并结合施用增温剂和人工振动辅助授粉以提高受精，减少空粒。

4. *活水养根，增强根系活力*：抽穗后根系逐渐衰老，实行间歇灌溉，有利于以气养根，以根保叶，延缓衰老。

5. *适当延迟收割*：由于杂交晚稻的强势花与弱势花灌浆的时间差异明显，为了保证弱势花籽实饱满，适当推迟收割，对提高结实率和粒重是有重要作用的。

（五）**综合防治病虫、杂草** 杂交晚稻生长旺盛，叶片宽大，叶色浓绿，容易受病虫侵害。主要虫害有稻蓟马、叶蝉、稻纵卷叶螟、稻飞虱及蝗虫等。主要病害有矮缩病、稻瘟病、白叶枯病、纹枯病等。防治病虫害应以预防为主，综合防治。在加强农业防治和选用抗病、抗虫组合的基础上，辅以化学药物防治。

杂草是影响高产的重要因素。杂交晚稻的杂草防除，除通过中耕耘田除草和人工拔除外，可结合第一次追肥拌用除草剂，也能起到良好的效果。

第八章 杂交粳稻高产栽培技术

我国杂交粳稻生产的发展,由于受到组合选育、制种繁种基地建设、生产条件和栽培技术因素的影响,南北之间存在较大差异。北方稻区起步早,在辽河流域种植面积曾经达到百多万亩。但后来由于组合产量潜力、制种繁种等具体问题,未能适应生产发展需要,因此,目前面积已不大。而南方稻区起步虽迟,但发展很快,尤其是长江流域的安徽、江苏、上海等地的种植面积已超过百万亩。各地都出现大面积高产典型,如南方稻区作单季稻栽培,1990年上海市有6个杂交粳稻丰产方,面积665.6亩,平均亩产661.3千克,比13个常规品种丰产方1 462.4亩,平均亩产588.3千克,增产12.5%。江苏省常熟市大义镇小山村农场示范方,面积105亩,亩产613.7千克,比对照增产28.12%。兴化市下圩乡六优1号104.7亩示范方,平均亩产创714.3千克,其中1.72亩六优3-2高产攻关田,亩产达852.5千克。安徽省阜南县亩集乡1 000亩六优C堡,平均亩产525千克,比全乡平均亩产增产10.5%。

作为双季晚稻栽培,1989年浙江省有一个千亩片,21个百亩方,合计示范面积3 308.73亩,平均亩产511.9千克,比对照常规粳稻平均亩产增加62.8千克,增产14%。在湖南省宁乡县809亩杂交晚粳稻,平均亩产529.1千克,其中城郊乡135.77亩杂交晚粳亩产547.6千克。湖北省潜江市浩口镇种植400亩两系杂交粳稻N50885/R9-1,平均亩产588.8千克,比对照增产19.1%。在北方一季稻区种植的杂交粳稻表现也良好,如沈阳市辽中县杨士岗乡,1987年种植杂交粳稻1.65

万亩,占水田面积 43%,平均亩产达 651.6 千克。总之,各地的产量表现是好的,但是由于繁种、制种体系尚不健全,特别是在南方稻区,制种基地多数安排在籼粳混种地区,制种期间受台风、气温等环境条件及去杂技术等因素的影响,年度间种子纯度(主要是大青棵)差异较大,有一定风险性,因而影响杂交粳稻优势的发挥和推广速度。只要采取相应措施,认真克服这些问题,进一步推广杂交粳稻是有很大潜力和发展前景的。

一、杂交粳稻的主要特征特性

(一)**叶片厚绿,株型理想**　现有杂交粳稻组合,作为单季稻栽培,主茎总叶片数为 16～17 叶,全生育期 140～150 天。作为双季晚稻栽培,主茎总叶片数为 15～16 叶,全生育期 130～140 天。株高适中,作单季栽培株高 105 厘米左右,双季晚稻栽培为 85 厘米左右。株型紧凑,茎秆粗壮,叶片厚而绿,剑叶着生角度小,功能叶期长,后期转色较好,有利于提高光合效率。

(二)**分蘖力弱,成穗率高**　各地试验、示范的结果表明,杂交粳稻的分蘖力比杂交晚籼要弱,其本田分蘖率要低 50%,而成穗率要高 10% 以上。一般每亩最高苗数 27 万～30 万,就可获得有效穗 20 万左右。

(三)**穗大粒多,结实率高**　各地种植的杂交稻组合,都具有穗大粒多,结实率高的良好经济性状。如单季晚稻栽培的六优 1 号、六优 3-2 等组合,每穗总粒数 160～180 粒,结实率 85% 左右。双季晚稻栽培的七优 2 号、76 优 312 等组合,每穗总粒数 140～160 粒,结实率在 85% 以上。每穗总粒数和实粒数均明显高于常规粳稻品种。这是杂交粳稻的高产基础。

(四)**耐迟插,有利于两季高产**　在南方双季稻区杂交晚粳稻在7月下旬至8月初插秧,早插与迟插的产量差距不大。根据1990年试验,杂交晚稻迟插的与适期移栽的相比,每迟栽一天,每亩减产为4.3千克,杂交籼稻每亩减产达8.3千克。而杂交粳稻在迟栽条件下,也能取得高产,在8月初移栽,亩产也能达到500千克。

(五)抗性较好 杂交晚粳稻除稻曲病比杂交晚籼严重外,其余白叶枯病、纹枯病、稻飞虱等都比杂交晚籼和常规粳稻轻,可以少打1次农药。据浙江温岭县城北农技站调查,杂交粳稻表现有较好的耐涝性,在孕穗至破口期连续受淹4昼夜的晚稻受害情况调查,七优2号空秕率38%,亩产328.5千克;籼型杂交稻汕优6号空秕率69.9%,亩产151.4千克;汕优10号空秕率61.3%,亩产212.2千克。杂交粳稻比杂交籼稻减少损失35.5%～53.9%。此外,杂交粳稻的耐肥、抗倒性能也比较强。在亩施17.5千克氮素的情况下,也未发生贪青倒伏。在1990年秋季连续几天大风雨的条件下,大多数籼稻和常规粳稻都发生贴地倒伏,而杂交晚粳稻到11月份收割时,大都未出现倒伏现象。

(六)出米率高,经济效益好 各地反映,用普通碾米机加工,每100千克杂交晚粳稻谷可碾米75千克,比一般晚籼稻要多出米5千克以上。又据调查,各地的杂交晚粳价格高,因而种一亩杂交粳稻的产值比常规稻多收60元以上,扣除多用种子费6元,多用脱粒工两个工值12元,每亩至少还可多得纯收入40元。

二、杂交粳稻高产的关键技术

亩产超500千克的配套栽培技术,重点是依据组合特性,茬口特点,在适时播种培育带蘖壮秧的基础上,通过合理密植建立高产群体结构,科学运筹肥水,加强田间管理,积极促进穗粒优势,防病、治虫、除草、灭鼠,力争丰产丰收。

(一)**适时播种,培育带蘖壮秧** 适时播种培育带蘖壮秧是杂交粳稻高产的基础。适时的要求是指水稻播种后能在当地安全抽穗扬花期前,保证安全抽穗开花,灌浆成熟。确定播种期的方法,也是根据具体杂交粳稻组合,从播种到始穗经历的天数,以当地的粳稻安全抽穗期的具体日期进行逆推计算。例如浙江温岭县连作晚粳稻的安全抽穗扬花期是在9月20日,七优2号在当地从播种到始穗,经历的天数为83天,经逆推计算,该组合的适宜播种期,则定在6月底7月初。其它地区选用的组合,均可类推。

培育带蘖壮秧的关键是适量播种和加强秧田管理。杂交粳稻的每亩本田用种量,因地区季节、组合特性的差异,而有不同,一般是1.5~2.5千克,也有的只用1千克。通常季节较早,组合分蘖力较强的用种量可偏少,反之,适当增加。秧田播种量是每亩10~15千克,要求种子发芽率在95%左右。秧本田比例,一般是1:7~10。注意选择土壤肥力好,排灌方便的田块作秧田。每亩施用过磷酸钙25~30千克及氯化钾5~7.5千克作基肥,精细制作秧板。播前用强氯精或402浸种消毒。播种时要细致均匀撒播。播后加强田间管理,在1叶1心期亩喷300ppm多效唑75~100升,控制秧苗高度,促进分蘖和清除杂草。同时重视2叶期追肥。一般每亩用尿素3~5千克,以促进分蘖。在5叶期前后,可根据苗情适当补施接力肥。拔秧前3天施起身肥。出苗前保持秧板湿润,防止高温伤苗,以促进全苗齐苗,以后灌水上秧板,保持浅水灌溉,并注意防止病、虫、草、鼠危害,以利于培育矮壮带大蘖壮秧。

(二)**适龄移栽,插足落田苗数** 杂交粳稻的分蘖力比籼型杂交水稻要弱,无论是作单季稻栽培或连作晚稻栽培,都要十分重视适龄移栽,插足落田苗数,保证足穗高产。杂交粳稻移栽叶龄以 6 叶左右为宜,秧龄以 30 天以内最佳,并通过增加丛数来插足落田苗数。每亩丛数在 2.1 万～2.8 万,落田苗数包括分蘖单季栽培不少于 8 万苗,连作晚稻栽培 8 万～10 万。密植规格一般是 13.2 厘米×20 厘米左右。密植程度和土壤肥力及施肥水平关系密切。田土肥沃,肥料充足,适当减少密植程度。如肥水条件水平较低,提高密植程度,容易获得高产。

(三)科学施肥,促进早发,防止早衰　杂交粳稻吸收肥料的能力较强,产量又较高,要重视三要素配合,施足肥料,才能保证高产。根据浙、苏、湘、沪、皖等省市的材料分析,亩产超 500 千克需要纯氮素 12～15 千克,其中有机肥占 25% 左右。每亩施农家肥 500～750 千克、碳铵 30～40 千克、过磷酸钙 15～20 千克作基面肥。移栽后 5～7 天追施尿素 10～15 千克,配施氯化钾 5～7 千克作苗肥,促进分蘖。本田中后期的追肥,地区之间、栽培季节的不同而有较大差异。浙江的杂交晚稻经验是,在 50% 主茎剑叶露尖时,施保花肥尿素 3～4 千克,灌浆期喷施根外追肥。达到了"前期促蘖争早发,中期壮秆稳群体,后期保花攻大穗"的效果。上海市杂交中稻栽培的经验是,重施基面肥,早施分蘖肥,中、后期一般不施肥,对缺钾的田块,在孕穗初期增施氯化钾 6 千克,并具有调氮作用。这些施肥方法,氮磷钾肥的用量都比较相近,而施用方法各有特点,均能达到预期的增产效果。

(四)合理用水,调控土壤环境,确保减秕增重　杂交粳稻的水分管理与杂交籼稻基本相似,是围绕前期促早发,中期保稳长,后期争青秆活熟,进行合理用水,调控土壤环境。移栽后要浅水勤灌,以利于早活棵,快分蘖。达到预期穗数的苗数时,及时脱水,以水调气,以水调氮,但不能控制过重。分蘖达到高峰苗数前后,进行搁田,控上促下,旺根壮秆,长穗期薄水灌溉,扬花灌浆阶段保持浅水,一般要20天以上(比常规稻及杂交籼稻延长5天以上),以满足第二段灌浆对水分的需要。在乳熟期以后仍要加强水浆管理,实行间歇灌溉,保持干干湿湿,遇到冷空气活动时,要保持田面有水层,保温保湿,养根保叶,延长功能叶寿命,成熟时仍有绿叶2～3片,以利于减少秕谷和增加粒重。杂交粳稻由于灌浆期较长,据观察齐穗后40天还在灌浆增重,而且比前20天还要多。因此,切忌后期断水过早,造成干旱逼熟,要重视潮田养老稻,以利于丰产增收。

此外,一定要做好综合防治病虫草鼠的危害,确保丰产丰收。

第九章 杂交稻直播技术

直播与移栽是水稻的两种不同栽培方法。追溯历史,水稻初始,都是直播栽培的。随着气候的变迁与社会、经济的进步,水稻生产逐步发展为移栽为主。直播稻仅在气候寒冷,稻作生长季节短,田多、劳力少的地区采用,主要分布在黑龙江、内蒙、新疆、吉林、宁夏、河北及辽宁等省(区)。过去的直播稻由于耕作、栽培粗放,产量较低,因而未能受到应有的重视。近年来,随着科学技术的进步,化学除草剂的广泛使用,机械化水平的提高,为直播稻的再度兴起提供了条件。特别是随着农村经济的迅速发展,农业劳动力大量转移到第二、三产业;同时,由于水稻生产效益比较低,传统的大量投入劳力的精耕细作受到严重挑战,粮食生产与经济效益之间的矛盾显得越来越突出。作为省工省力高产高效的直播稻也就具备了客观发展的背景,应有的地位逐渐受到重视。

一、杂交稻直播的特点

杂交稻根系发达,茎秆粗壮,分蘖力强,营养生长优势明显,与普通水稻品种相比,更适合作为直播稻栽培。近年来,在不少地区已出现了杂交稻直播栽培亩产超600千克的高产典型。如广东省海康县仙来管理区2540亩直播稻平均亩产为600.5千克,最高田块青优湛2号亩产达762千克,汕优2号达753千克。目前,杂交稻直播栽培在华南地区、长江流域以及河北、山东等省,均有一定的面积,并有逐步扩大的趋势。

(一)直播稻的主要优点

1. 省工、省力,劳动生产率高:直播稻能把人们从"脸朝黄土背朝天"的繁重插秧劳动中解脱出来,大大地减少了用工,减轻了劳动强度,提高了劳动生产率。与人工手插秧相比,劳动效率可提高1.5倍以上。同时,直播稻便于机械操作和飞机大面积播种,更适于规模经营,以及田多、劳力少的农场采用。

2. 能缩短生育期:直播稻没有拔秧伤苗和移栽后返青过程,能提早分蘖,加快发育,缩短生育期。直播稻因分蘖期提早,能有效地利用低位分蘖,有利于形成高产群体。同时,由于没有返青期,有效地延长了本田营养生长期,有利于早熟高产。这不仅在生长季节短的寒冷地带有其优越性,而且在生长季节较长的中稻区和连作早、晚稻的多熟制地区,只要品种搭配适当,也有利于季季增产和全年高产。

3. 不占用秧田,有利于扩大播种面积:据中国水稻研究所种子工程技术中心1994年资料,426亩直播早稻,共节省专用秧田55亩,实际增加总产量2万千克以上。

4. 单位投入产出率高,经济效益好:据中国水稻研究所种子工程技术中心1994年早稻直播资料,每亩可节省用工3.5个,减少3~4千克尿素,节省成本40元以上,单位投入的产出率较移栽稻高22.35%,经济效益显著提高。

5. 有利于发展适度规模经营:水稻直播可缓和劳动力矛盾,减轻季节性用工紧张。由于用工量减少,劳动力季节性紧张矛盾大大缓解。特别是对水稻种植大户、大、中型农场以及连作稻生产区有着极为重要的意义。

(二)直播稻栽培,目前存在的一些问题

第一,全苗有一定难度。主要是稻田不易平整,影响出苗率,特别是在连作早、晚稻区,容易受低温或高温影响,一旦技术运用不当,就会造成烂秧、烂芽,或伤苗、死苗,给一次性全苗、齐苗、壮苗,带来一定困难。

第二,除草有一定难度。尽管除草剂已广泛应用,但由于稻田杂草种类多,对除草剂的反应各有差异;同时,除草剂的效果好坏与稻田环境密切相关,对施用条件有较高的要求。因此,直播稻的杂草防除,仍有较大困难,稍有疏忽,就会形成草荒而影响产量。

第三,防止倒伏有一定难度。因直播稻播种较浅,施肥又以面施为主,使根系入土不深,主要集中在0~5厘米的表土层,致使直播稻后期易倒伏,尤其是台风季节更为严重。据中国水稻研究所1993年小区试验材料,直播稻倒伏主要是根倒。如何改变播种方式和施肥方法,有效地防止根倒是直播稻高产、稳产所需解决的重要课题。

第四,适宜于直播稻栽培的品种(组合)与配套栽培技术,还需要选育和进一步完善。长期以来,水稻品种(组合)选育和栽培技术的研究,多以移栽稻为对象,尽管一些品种(组合)可以直接为直播稻所采用,但要进一步加强适宜于直播稻栽培品种(组合)的培育,以及配套栽培技术的研究是非常重要的,也是亟待解决的重要课题。

二、杂交稻直播的类型

直播栽培根据稻田水层状况,可以分为水直播、旱直播和旱种 3 种类型。按播种的动力可分为人力、机械及飞机播 3 种。

(一)**水直播** 水直播是灌水整地后,田面保持浅水层或湿润状态下直接播种。其优点是,田面容易整平,耕层土壤松软,整地省工、质量高。通过水层覆盖,可抑制杂草滋生。缺点是,扎根立苗阶段如排水晾田不及时,或遇阴雨天,易烂秧缺苗。因此,只要灌溉水源充足,均适于水直播形式,这是我国目前应用最广泛的一种直播类型。具体做法可分浅水直播和湿润直播两种。浅水直播是灌好浅水后再播种,操作方便,但缺点是缺乏高效的水直播机,要靠人力播种,但可以用飞机撒播,工效高,质量好。湿润直播是播前田面湿润,可用播种机条播或点播,也可以人工撒播,播后待田土稍干,种子不易被冲动或出苗后再灌水。

(二)**旱直播** 旱直播是整地、播种作业,均在旱田状态下进行,播后再灌水,使种子发芽、发根后再排水落干,促进扎根立苗。待秧苗长出 2 叶 1 心后再灌水入田,并保持浅水,以利于分蘖发生。其优点是可以发挥机械效率,提高劳动生产率;可以抗旱播种,节约用水。缺点是田面不易整平,杂草较多,成苗率低以及土壤渗漏量大。

（三）**旱种**　旱种也是旱直播的一种类型。它的特点是播种较深，播后不立即灌水，完全靠底墒发芽、出苗，出苗后要经过一个旱长阶段再开始灌水。其优点是，节约灌溉用水量，整地、播种基本不用水，只在土壤墒情不足时，播前灌一次底墒水。一般在4叶期后才开始灌水。旱种直播稻根系发达，不易倒伏，耐旱力强，成苗率高。缺点是整地费工，难以保证质量要求，田间杂草多，早期生长慢。

三、直播杂交稻的生育特性

（一）**根系比较发达**　直播稻与移栽稻对比观察发现，直播稻生育初期，垂直生长的根数较多，随着生育期的进程，横向生长根数迅速增多，至抽穗期前后，根系多分布在表层土壤，下扎较浅。移栽稻则与此相反。

直播稻从幼苗就开始在大田环境中生长，因播种较浅，接受土壤中的氧气较多，有利于根系的发生和生长，每穴根数较移栽稻多，根量也大。据广东省云浮县6个点的对比测定，直播稻的根重比移栽稻增加76%，且根系分布面广，成熟期呈黄褐色，色泽新鲜，有弹性，生活力强。根系是地上部分生长的基础，由于杂交稻直播具有强大的根系，使整个生育期间能从土壤中吸收较多的养分，所以稻株健壮，后期青秆黄熟，比移栽杂交稻多保持绿叶1片左右，极少出现早衰现象。同时，由于直播稻前、中期根系多分布在土壤表层，因而通过晒田来控制叶色变化，比移栽稻田来得容易。这些都是直播稻可以获得高产的基础。但直播稻的根系分布较浅，容易倒伏，除选用抗倒品种外，还要做好科学灌水、晒田和改进播种、施肥方法等防倒措施。

（二）**分蘖早，有效穗足**　直播稻播种较浅，管理好的情况下,播后 15 天左右即可在第二、三节位上发生分蘖,分蘖节位低(一般为第二至六节位,移栽稻集中于第五至八节位),因而分蘖早,分蘖多,成穗率高,有效穗足。但必须指出,大面积直播栽培时,直播稻的基本苗数不完全取决于播种量的多少,更受出苗率和成苗率高低的影响,而出苗率与成苗率的高低又受耕作、栽培等管理措施的制约。所以播前要讲究整地和播种质量,播后必须分别情况,加强管理,争取全苗、齐苗、壮苗,达到预期的基本苗数,这是保证有效穗足、穗大、粒多,高产、稳产的关键。

(三)**植株健壮,抗病力强** 直播稻播种时,种子比较分散,单粒的营养面积较大,成苗后各个单株都能均匀发育,健壮生长,茎秆粗壮,贮存的物质较多。由于直播稻植株生长健壮,茎秆坚硬,因而抗病力较强。尤其是纹枯病发病率明显低于移栽稻。

四、杂交稻直播技术

(一)**精细整地** 整地的质量,要求耕层深厚松软,没有裸露地表的残茬、杂草,特别要求田面平整,耕层土壤细碎,以保证播种与灌水均匀一致,使出苗整齐,提高出苗率和成穗率,并保证除草剂功能的发挥,提高除草效果。

整地方法分旱整与水整两种。在旱田状态下进行耕、耙、耖作业称旱整,适用于旱直播。但整地时土壤水分太干、太湿均不适于耕作,不利于田面平整。在水田状态下进行耕、耙、耖作业称为水整,适用于水直播或湿润播种。它不受土壤水分条件限制,保持一定水层就可耕耙,且整地质量好。近年来,为把旱整与水整优点结合起来,水直播采用旱整水平的方法,即先旱整,灌水后再水平。这样不仅节约用水,且提高了土壤通透性。冬闲田，一般先秋冬干田耕翻，早春耙碎，播前半个月灌水诱草，然后再用旋转耙或圆盘耙耙平灭草，注意削高填低，最后用耖拖平田面即可播种。面积大的田块，还应隔成小块，每块 3～5 亩左右，进行平整，使田面高低相差不过 3 厘米，以利于浅水播种，保证出苗良好。在南方稻区为提高整地质量，应划畦平整。畦宽一般 3～4 米，畦间沟宽 25～30 厘米，以利于湿润播种，排灌方便。精细整地是杂交稻直播栽培获得全苗、匀苗、壮苗的基础，是保证化学除草效果的前提，也是杂交稻直播高产、稳产的关键措施之一。

（二）选用高产、优质的杂交组合　高产、优质、熟期适宜的杂交稻组合是实现直播稻高产的基础。直播稻因其生育特点和稻田环境与移栽稻有明显的差异，因而对杂交稻组合的要求也不尽相同。目前已有的杂交组合基本上是以移栽稻为对象而选育的，在生育特性、熟期等方面不可能都适宜于直播栽培。因此，只能从现有组合中，筛选出适宜于当地生态条件的直播栽培的杂交组合。具体要求：一是产量高、米质优，其产量必须接近或超过现有移栽稻水平；二是生育期适宜，既要有适于单季直播稻的组合，也要有适合于连作早、晚稻直播的杂交组合，一般以选用早熟或中熟组合为宜；三是根系发达，茎秆粗壮，抗倒能力强；四是株型较紧凑，分蘖力中等，穗型大，适宜于直播足穗、大穗高产；五是抗逆性好和具较强的抗病性。

（三）适期播种，提高播种质量　适时播种是保证全苗和安全齐穗的关键措施。直播稻的播种期应根据当地气候特点、耕作制度、组合特性及诱灭杂草等情况来确定。冬闲田宜在日平均温度稳定通过 12℃ 以上时开始播种，如浙江杭州地区早杂直播稻适宜播种期在 4 月 10～15 日。冬作田应在前作收割后,抢季节播种,以利于后作安排,对连作双季稻区尤为重要。中稻区要根据组合生育期选择合适播种期,避开抽穗扬花期高温的影响,如浙江省杭州地区适宜播种期为5月下旬至6月初。连作晚稻、单季晚稻直播,要防止低温危害,保证安全齐穗,防止"翘稻头"。具体播种期要根据该组合从播种到始穗的天数和当地安全抽穗扬花期来确定,可采取倒推法计算。

为了保证全苗,要注意种子质量。播种前要做好种子精选、晒种、消毒、发芽试验和浸种催芽等工作。若采用机播,催芽以破胸为度,避免机播伤苗。若采用人工播种,芽可催得长一些,以利于播后尽快扎根立苗。若刚用过除草剂即进行播种,则不催芽播种较为安全。

适宜的播种量,应根据种子质量、发芽率、田间成苗率和基本苗要求等,综合考虑确定。一般连作早、晚稻,亩播种量以2~2.5千克为宜;作中稻或单季晚稻栽培,亩播种量以1.5~2千克为宜。但在寒冷地带,稻作季节较短,播种量应适当增加。

播种方法有撒播、点播和条播3种。人工撒播省工、省力,效率高,但种子分布不易均匀;人工除草费时、费工,容易造成草荒。大面积飞机撒播、喷施除草剂,可进一步提高工效,达到高产、高效。点播便于中耕除草。南方行株距一般以17厘米×17厘米或20厘米×13厘米,每穴2~3粒种为宜,北方行株距可以大些,一般为25厘米×20~13厘米为宜,每穴3~4粒种。点播一般采用机械操作,但在南方水直播条件下,尚无合适的播种机。条直播易于机械化,适于密植,也适于中耕除草,是比较理想的播种方式。南方一般幅距为25~27厘米,播幅为7~13厘米;北方幅距为27~30厘米,播幅为10~15厘米。

灌水播种时田面不宜过软或泥浆过厚,以免播后种谷下沉过深,造成"淤种"而不能出苗。排水播种时田面不宜过硬或泥浆过薄,否则,灌水后容易漂种,造成稀密不匀,尤其大风大雨期间更为严重。因此,灌水播种要在稻田整平后排水露田,使泥浆不过烂,然后灌水播种。排水播种要在田面沉实后,仍可灌水泡田,使泥浆厚薄适中,播前排水播种。若条件许可应进行蹋谷,以防雨水冲洗,提高出苗率和均匀度。

旱直播有浅覆土播种法、种子附泥播种法和深覆土播种法。浅覆土播种,播种深度一般不超过2厘米,播后灌浅水层,经7～8天种子即萌发出土,然后排水晾田2～3天,再灌浅水层,促进秧苗生长。种子附泥播种,是先将种子浸湿拌上细土,阴干后种子即附上泥土。播种后灌水,因种子附泥而不易漂浮移动,有利于种子萌发出苗。深覆土播种,又称旱种播种法,播深2～3厘米。由于播种后利用土壤水分发芽出苗,故根系发达,植株健壮,抗倒伏,且节水,不受雨水限制,可及时播种,也便于在灌水前机械除草。但播后要镇压一次,以利出苗整齐。

为了提高出苗率,保证齐苗、壮苗,许多单位试用种子包衣剂,取得较好的效果。80年代的种子包衣剂,大多用40％的过氧化钙包裹种子,与水接触后产生氧气(即 $2CaO_2+2H_2O \rightleftharpoons 2Ca(OH)_2+O_2\uparrow$),提高土壤供氧能力,可提高种子发芽率1倍以上。近年来,种子包衣剂有了新发展,如北京农业大学研制的北农1号是集杀虫剂、除草剂、微肥和植物生长调节剂于一体的综合性包衣剂,并能缓慢释放,效期长达40～60天。

(四)加强田间管理与肥、水运筹 杂交稻直播栽培的田间管理,主要是匀苗、补苗,科学灌水,合理施肥和杂草及病虫防治等措施。

1. 匀苗补苗：直播稻常因整地质量差、播种不匀、水层深浅不一等原因，造成出苗不齐，疏密不匀，苗数不足等情况。因此，播种时要做到边播种、边检查、边补救。如发现漏播的应及时补播。过密的，要立即疏匀调整。一般在秧苗达 4～5 叶时要进行全田检查，结合除草，拔密补稀消灭缺行、缺株、空档，保证足够的基本苗，达到苗全、苗匀、苗齐。

匀苗时，总的要求是"删密匀稀"。对条播的要注意播幅中间稀、两边匀。点播的每穴苗数适当，不要过多。撒播的大体掌握"7 厘米不拔，12 厘米不补，15 厘米补 1 株"的原则。同时，疏苗时应注意去弱留强，补苗要选择壮苗，带泥随拔随栽，使补苗后返青快，促使生长整齐、平衡。

2. 科学用水：苗期灌水，因播种方法不同而有不同的要求。水直播或带泥旱直播时，播后须用水层覆盖种子，保证种子获得必要的水分而发芽，待发芽出苗后，适时排水晾田，促使扎根立苗，以后保持田土湿润。到 2 叶 1 心至 3 叶期开始灌浅水，促进分蘖发生。湿润播种（种子催芽后播）可到 2 叶 1 心期后再灌水。浅覆土旱直播，播后只需保持土壤湿润，不能淹水，以免供氧不足而烂种、烂芽。旱种播种较深，靠土壤墒情发芽出苗，播种后不灌水，以免土壤板结影响出苗。过干时，要在播前灌好底墒水后再播种。

分蘖期的水分管理则以浅水灌溉为主，够苗后及时搁田、晒田。由于直播稻根系分布较浅，不宜重搁，搁至田土较硬，不陷脚即可。北方稻区昼夜温差大，一般不搁田，够苗后灌深水层控苗，抑制无效分蘖发生，提高成穗率。旱种不要过早灌水，灌水时间可延迟到 4～6 叶龄期。

孕穗、结实期以间歇灌溉为主，以利于发根、壮秆，防止倒伏。在孕穗、抽穗期可灌浅水层，灌浆后即以间歇灌溉为主，养根保叶,促使成熟,达到以水养根,以水保叶,青秆黄熟,高产稳产的目的。由于杂交水稻对水分比较敏感,生育后期切忌断水过早而影响产量。

3. 合理施肥:直播稻施肥要针对杂交组合各生育期的需肥特点,合理运筹。首先要施足底面肥,且氮磷钾肥配合施用。底肥最好以农家肥为主,若农家肥肥源缺乏,也可以化学氮肥为主。底面肥中氮肥占总氮肥用量的40%左右,磷肥全作底面肥,钾肥占用量的60%,一般亩施碳铵20~25千克或尿素10千克,过磷酸钙20~25千克,氯化钾5~6千克。追肥应掌握"蘖肥早、穗肥巧"的原则。蘖肥通常分两次施用。第一次在3叶期左右结合灌水追施,一般亩施尿素3~4千克;第一次追肥后7~10天进行第二次追肥,一般亩施尿素7.5千克左右。蘖肥施用要及时、适量,一方面要促进低位分蘖,发挥杂交稻分蘖优势和营养生长优势,建立起高产苗架,另一方面又要防止用量过多,叶色过浓,无效分蘖过多,影响杂交稻大穗高产。穗肥应看土、看苗合理施用。为了发挥杂交稻的穗粒优势,尤其在超高产栽培的情况下,适量增加穗肥和后期肥料用量更为重要,以促进颖花分化和减少退化,提高结实率和千粒重,达到减秕增重的效果。对于土壤肥力较低、前期生长量不足的田块,可提早施用穗肥,施肥期掌握在倒3叶期为好,施肥量一般亩施尿素5~6千克,并配合施用3~4千克的钾肥,以增加颖花量和促进壮秆大穗。对于土壤肥力较高,前期生长较旺的田块,穗肥施用期应适当延迟,以达保花增粒为目的,施肥量也应适当减少,一般亩施尿素3千克左右。在注重施用穗肥的同时,必须把大穗高产与防倒稳产结合起来考虑,避免因施肥不当而造成倒伏减产。粒肥则视苗情适量施用或不用,既能起到养根保叶的作用,又避免贪青晚熟。在剑叶定型后每亩用磷酸二氢钾 100 克加 1 千克尿素作根外追肥,对提高结实率和增加粒重是很有效的,是杂交稻直播栽培高产的一项重要措施。

4. **杂草防除**:经济有效地防除杂草是杂交稻直播栽培的技术关键。稻田杂草危害最严重的是稗草,其次是三棱草、眼子菜、牛毛草、泽泻、野慈姑等。此外,还有藻类覆盖田面影响种子发芽和幼苗生长。

防除杂草应采用农艺和化学除草相结合的综合措施。如结合种子处理,消除杂草种子;结合耕地整地,诱发杂草生长并消除;实行水旱轮作,减少杂草等。但化学除草剂防除杂草是直播稻栽培的重要措施。

直播稻杂草主要是防除前期杂草。化学除草剂通常采用播前土壤处理和播种出苗后的苗期施用。播前土壤处理则以直播方法不同又分灌水处理和旱处理两种。灌水处理,即在田面平整后灌寸水后喷施除草剂。目前南方水田使用较为普遍的有丁草胺、灭草王等,丁草胺施用剂量为每亩 100～150 克加水 40 升喷施,喷施后保持水层 5～7 天,然后再排水播种。它适用于湿润播种,但不适用于浅水播种和旱种。旱处理,是在田面平整后直接喷施除草剂,施用药剂有丁草胺、杀草丹等,以杀草丹较为安全,用量一般为亩施 150～200 克加水 40 升喷施为宜。施用后 3～5 天再播种,它适用于旱直播和旱种。苗期施用除草剂,是在出苗后结合灌水施肥,拌肥施用,但必须选用不影响秧苗或影响较小、比较安全的除草剂。应用较广的有杀草丹、丁草胺、禾大壮、恶草灵、二甲四氯、扫弗特等,具体选用时要根据田间杂草种类和除草剂的灭杀对象有针对性地选择,例如以稗草为主的田块,可用 50% 快杀稗 15 克加水 50 升喷雾;以双子叶草为主的田块可用 10% 苄黄隆 15 克,加水50升喷雾。杂草比较多、种类差异大的田块,可采用2种或2种以上的除草剂混合施用,但必须掌握好施用剂量,以免造成伤苗而影响水稻生长。

第十章 水稻抛秧栽培技术

水稻抛秧栽植是近年来发展并完善起来的一项水稻生产新技术。这项技术是移栽时改传统的常规手工插秧为直接将秧苗抛向空中,均匀落在田中,并通过适当整理,完成插秧工作。从而使劳动强度大大减轻,劳动工效成倍提高。这项水稻生产轻简栽培新技术,为改变近2000年来弯腰曲背种田的艰苦劳作开辟了一条新途径,日益为科研、推广部门和广大农民所重视。

一、抛秧栽培的特点

水稻抛秧与手工插秧相比,既具有直播稻省工省力的好处,也兼有移栽稻集约化育苗的长处,它还能在多熟制栽培中,有助于缓解前后茬农作物的生育季节矛盾,在寒冷地区种稻,还有利于全苗保苗。具体表现在以下几个方面:

(一)**省工省力** 一个技术熟练的劳动者每天可以抛栽3~5亩,比手工移栽提高工效2~3倍,既节省了工本,又有利于缓和季节矛盾,保证适时移栽。

(二)**节省专用秧田** 小苗抛育的秧田本田比,一般为1:30~40,即1亩秧田可供30~40亩大田用,比常规手工移栽的1:6~10,可节省专用秧田70%~80%,并相应地节省了化肥、农药和农膜等费用。节省晚稻专用秧田,有利于提高复种指数,增加全年粮食产量。

(三)能达到稳产高产 由于抛秧栽培具有早发、分蘖节位低,又能保证适时早栽和一定密度,因此,其产量不比手工移栽的低,甚至会略高于移栽稻。例如,江苏省建湖县1988～1990年,进行了汕优63单季大苗抛栽和手工移栽的生产对比试验,每年面积均在20亩左右,抛秧栽培的3年平均亩产为637.1千克,比移栽的573.9千克增产11%。

(四)具有较好的经济效益 抛秧栽培的增收节支,扣除每亩秧盘折旧费10～15元左右,每亩可增加纯收益25～60元。如用秧田直接育秧抛栽,增收效果更为明显,特别是在工副业比较发达的地区和农场、种粮大户中,杂交水稻抛秧栽培的经济效益更为可观。

抛秧栽培的缺点是盘式育秧抛苗1次投资较大,一般每亩需购塑料育秧盘40～50只,需投资30～40元,一般农民难以承受。若直接在秧田育苗抛栽,虽然投资少、方法简单,但目前分秧方法还不够规范,手工分秧工效很低,抛秧均匀度较差。若采用室内培育乳苗(指在2叶以前,胚乳尚有大量养分的秧苗)抛栽,虽然投资也省,方法也简单,但秧苗的适抛期较短,一般只有4～6天秧龄,只适宜于生育期较短的早熟组合。

二、抛秧稻株的生育特性

抛秧栽培的秧苗,栽后入土浅,秧苗田间分布无行株距规格,姿势不一,其秧苗的形态和生理特点与移栽稻相比,有较大的差异。江苏农学院张洪程等做过深入研究,概括起来抛秧稻的形态和生理特点有3个优势和3个弱点:

3个优势:一是群体生长起步快,分蘖早,植株多呈半辐射状,有助于截获太阳辐射能,前期分蘖多,表现出较强的生长优势。由于抛秧带土带肥,植伤少,根部入土浅,土表温热,水分、通气性等状况较好,有利于发根活棵,因此,返青较早,分蘖早而旺,分蘖始期一般比同期移栽的移栽稻早2～4天。在基本苗相同状况下,抛秧稻的分蘖数比移栽稻多10%～15%。二是株间受光均匀,叶层垂直分布相对较匀称,单位面积负载的绿叶量较大,形成结构良好、规模较大的光合生产系统。由于抛栽稻前期分蘖早而多,中期苗峰高,因此,群体绿叶面积大,叶面积指数比移栽稻大10%左右,并且分布较合理。据江苏省建湖农科所抽穗期对同期播栽的汕优63分层测定叶面积的结果表明,移栽稻由于茎蘖整齐,功能叶多集中分布在中上层,在高60厘米以上植株内占72.6%,叶面积最大层次为61～80厘米,60厘米以下的叶面积很少,形成一种"伞型"的叶层分布。而抛栽稻的叶层上下分布较均匀,较多的叶面积分布在冠层的中下部,在高60厘米以下的植株内占50.1%,叶面积最大的层次为41～60厘米,形成一种"卵形"的叶层分布,从而大大地改善了群体的通风透光条件。据同期播栽的汕优63对比田考查,抛栽稻群体中层和下层的透光率分别比移栽稻高15%和5%。三是单位面积容纳的穗数及载花量均较多,抽穗后群体光合层厚,源强库大,有旺盛的物质生产能力。由于抛栽稻群体密度较大,每穗粒数相对减少,形成了穗数多,粒数相对偏少,增穗幅度大于减粒幅度,单位面积总粒数增多的特点,这是抛栽稻高产稳产的主要原因。据广东省新兴县对Ⅱ优3550调查,抛栽稻有效穗比移栽稻多25.9%,每穗实粒数少14.6%,单位面积的总粒数增加7.5%。同时,抽穗后抛栽稻群体中、下部叶层光照条件较好,相对延长了中、下部叶片的寿命和功能期,因而开花结实期绿叶数较多,增厚了群体光合层,有利于提高抽穗后的物质生产能力。

抛栽稻的3个弱点：一是分蘖成穗率略低。由于抛栽稻的分蘖量较大，迟发的高次位弱势分蘖的营养空间较小，生长条件变劣，故这部分分蘖的无效率较高，这是抛栽稻成穗率稍低的主要原因。二是分蘖节与部分根系分布较浅，在土壤软烂的条件下，抗根倒能力弱。抛栽稻的发根量较大，比移栽稻多6%左右，但在纵向分布上较多地集中在土表层，0～5厘米表土层的根量接近70%，多于移栽稻。根系分布浅，而削弱了水稻后期的抗根倒能力，在群体大、土质松、搁田差的状况下，易发生根倒。三是茎蘖穗层高低不齐，下层穗比重较大，群体的灌浆期较长。抽穗期以株高上层30厘米处为界，按穗颈节位置，将稻穗分为上下两层，移栽稻上层穗占83.6%，下层穗占16.4%，而抛栽稻上层穗占74.1%，下层穗占25.9%，但抛栽稻下层穗的质量较高，平均穗重比移栽稻的下层穗高27.8%，总平均穗重抛栽稻与移栽稻基本接近。由于下层穗比重大，灌浆期拖得长，所以抛栽稻后期，更要注意养老稻。

三、抛秧栽培的育秧方法

育秧方法可分为盘式育秧、纸筒育秧、室内育秧、秧田湿润育秧和旱地育秧等几种。

（一）盘式育秧 是用特制的塑料育秧盘来培育抛栽的秧苗。它是浙江、江苏部分地区常用的育秧方法。育秧盘是由聚乙烯(PVC)真空成型，目前常用的秧盘长58厘米，宽31.5厘米，每盘有468个孔，孔面直径和孔深均为1.9厘米，孔底直径1.3厘米，孔的容积为3.86立方厘米；也有每盘561个孔的，其孔的容积略小。一般每亩大田需40～50只秧盘。盘式育秧的优点是较好地解决了带土拔秧和分秧的技术难题，抛栽作业的技术性能较好,但设备1次性投资较大,而且秧苗的生长条件受秧孔的限制,一般秧龄弹性较小,只适用于中、小苗抛栽。

(二)**纸筒育秧**　是用特制的育秧纸筒来培育秧苗。它是广东等地抛秧栽培常用的育秧方法。育秧纸筒是用机械制作的蜂巢状粘接的纸筒册,每个纸筒圆周长为5.8厘米,高3厘米,育苗时,一般先在旱地做秧板,铺上止根纸或喷洒止根剂后,将纸筒册拉开,固定在秧板面上,将营养土和种子装入纸筒内,刮平压实,每天浇透水1次,其它管理同湿润育秧。这种育秧的特点与盘式育苗基本相同,但设备投资相对较少。

(三)**室内育秧**　是在室内培育抛栽的秧苗,一般均以培育1叶1心的乳苗为主。育苗时将芽谷与泥浆和钙镁磷肥按一定比例相拌,室内平摊,浇水保湿(杂交早稻还需要保温)4天左右,就可育成叶龄1叶左右的乳苗。乳苗抛栽的优点是不用专用秧田和育秧盘,方法简便,投资少。用这种育苗方法进行抛栽,目前浙江省龙游县等地有一定应用面积。

(四)**秧田湿润育秧**　是按常规做好湿润秧田,然后直接播种育苗,秧田管理同常规湿润育秧。优点是不需特殊设备,投资少,方法简单,秧苗素质好,秧龄不受限制,可适应更广泛的生产条件。但手工分秧工效较低,且不易带泥,抛秧的均匀度较差等。秧田湿润育秧抛栽,目前在江苏省有一定的面积。

(五)**旱地育秧**　是在旱地做秧板,直接用芽谷在秧板上撒播或条播,播后浇水盖膜,出苗后旱育、旱管。这种育苗方法是北方稻区抛秧栽培常用的育秧方法。其优点是方法简单,投资较少,秧苗素质好。其缺点是,3叶期易发生青枯死苗,秧苗的整齐度较差,秧龄不宜过长。

四、抛秧栽培的方法

(一)抛栽时秧苗的叶龄 可分为乳苗抛栽、小苗抛栽、中苗抛栽和大苗抛栽等几种。

1. *乳苗抛栽*：是在室内育成1叶1心的乳苗，再抛栽到大田。乳苗抛栽不用专用秧田和育秧盘，方法简便，抛栽速度快，大田秧苗成活率高，一般可达90%以上。但适抛期较短，只能用于早熟茬口和生育期短的早熟组合。

2. *小苗抛栽*：是在室内或秧盘内育成3叶1心的小苗，再抛栽到大田。小苗抛栽也可节省秧田和秧盘投资，同时有利于提高大田秧苗的成活率和竖苗率，但因播种量较大，所以秧龄弹性相对较小。

3. *中苗抛栽*：是用盘式育秧或其他育秧方式育成5叶1心的中苗，再抛栽到大田。中苗抛栽兼有小苗和大苗的部分优点。

4. *大苗抛栽*：是用旱地育秧或湿润育秧育成7叶1心的大苗，再抛栽到大田。与小苗抛栽相比，大苗秧龄较长，适于晚茬晚栽。秧苗大，适应性较广，对病虫、草害的生态抑制作用较强，受自然灾害较轻，从而扩大了抛秧栽培的适用范围。

(二)抛秧栽培方法分类 根据抛秧的目的，杂交水稻抛秧栽培可分为抛寄和抛栽两大类。抛寄是两段育秧过程中的一种寄秧方法。第一段小苗常采用沙床旱播旱育或秧田水播旱育，至2叶期或3叶1心期时，采用抛撒的方法代替寄插，从而大大提高了寄秧的工效。目前，浙江、湖南、江苏和四川等省，在双季杂交晚稻和单季杂交稻上大面积推广应用，取得了较好的成效。

抛栽是水稻移栽过程中的一种移栽方法。它是借助于秧苗自身的重力,以均匀的抛撒代替手工插秧。是近年来发展起来的一项水稻轻简栽培新技术,可以大大地提高水稻移栽的工效,减轻劳动强度。

(三)**抛秧方法**　可分为手抛和机抛。手抛一般1个熟练的劳动者每天可抛3~5亩,抛时要做到带秤分畦定量,先撒抛,后点抛,以保证落田苗均匀分布。机抛是用机械抛苗。由北京农业工程大学研制成功的旋转锥盘式水稻抛秧机和牵引式水稻抛秧机,生产效率为每小时12~15亩,目前北方和南方许多具有水稻规模经营的生产单位正在试验应用。

五、抛秧栽培的关键技术

抛秧栽培的高产基础是壮秧,核心是密度,关键在肥水,其他各项常规高产措施也应综合加以运用。主要有以下几个技术环节:

(一)**因茬制宜,选择适宜组合**　由于抛秧栽培时根部入土浅,不抗根倒,因此必须选择矮秆抗倒的杂交组合。从组合类型看,以选用分蘖中等、穗型较大的组合为宜,如汕优63,汕优10号,Ⅱ优3550等。杂交早稻抛栽,因盘育秧田播种密度较大,秧龄过长,生长受到严重影响,并产生串根现象而不利于分秧,因此还必须选用生育期较短,适于短秧龄的杂交组合,如威优48-2,汕优48-2等。

(二)**因种制宜,培育适龄壮秧**　抛栽的秧苗,既要满足水稻高产的农艺要求,又要考虑抛秧作业的技术要求。为便于均匀抛撒和抛栽后容易立苗,抛栽秧苗必须矮壮、带土和散开。目前常用的育秧方法关键技术如下:

1. 盘式(纸筒)育秧的技术要点

(1)秧田准备:选择排灌方便的田块作秧田,以利于做到湿润培育,像常规育秧一样做好秧板,要求板面平整。

(2)种子准备:种子需经晒种、消毒、浸种催芽等处理,以短芽或露白谷种播种为好。

(3)适量装泥:将秧盘(纸筒)紧贴秧板整齐排放后,把营养土装入秧孔内,营养土可采用去除石子、杂草的河泥或无稗草的水沟泥等,做成泥浆填满秧孔并刮平,待泥浆沉实到孔深的2/3时即可播种;也可用过筛的园田细土潮泥,先装满秧孔的1/2～1/3,播种后再盖些泥土,盖泥后要略浅于孔面,然后洒足水分。无论用哪种泥土育秧,最后一定要使孔外不留泥土和种子,否则会引起秧苗盘根(或称串根),即根系在盘面相互缠结,不利于分秧,影响抛栽的速度和质量。

(4)适时播种:杂交早稻应根据当地播种及抛栽时的气温条件来确定播种时间,三熟制杂交早稻还必须考虑前茬作物的收获期,做到播种期、秧龄期和前茬作物收获期三对口。杂交中稻的播种期取决于前茬作物的收获时期和保证其在最佳的天气条件下抽穗扬花。杂交晚稻的播种期应根据当地的安全齐穗期和不同组合从播种至齐穗所需要的时间而定。北方杂交中稻大多于4月下旬至5月下旬播种,南方长江流域的杂交早稻多数于3月中旬至4月上旬播种,杂交中稻5月中下旬播种,杂交晚稻6月上中旬播种。

(5)准确掌握播种量:播种量主要根据抛栽时的叶龄而定,一般于4叶期前抛栽的,可每孔播3～4粒种子;5叶1心期左右抛栽的,每孔播1～2粒种子为宜。同时还必须考虑种子的发芽率和一般情况下的成秧率。

(6)秧苗喷施多效唑:喷施多效唑控制秧苗高度,促使秧苗矮壮,有利于抛匀和减少倒苗比例。一般在秧苗1叶1心期喷施。杂交早稻每亩秧田喷施200ppm药液50～100千克,杂交中、晚稻喷施 300ppm 药液 100 千克。

(7) 精心管理,提高成秧率:杂交早稻采用地膜覆盖保温育秧,若地膜平铺,播后在秧盘上撒些砻糠灰或切碎的鲜绿肥作隔离层,防止"贴膏药"闷种烂芽。杂交中、晚稻育秧时,要防止雷阵雨将芽谷冲出秧孔,播后要覆盖麦秆或无病稻草 2~3 天,出苗后去掉。

秧田水分管理坚持湿润灌溉,这是培育壮秧和防止串根的重要环节。播种至出苗前秧田保持半沟水,2 叶 1 心期,杂交中、晚稻结合施肥灌 1 次薄水上秧板,以后每隔 2~3 天灌 1 次平沟水,让其自然落干,至移栽前 2~3 天始终保持盘土湿润。

秧田施肥与常规育秧一样,在秧板上施好基肥。于 2 叶 1 心期视苗情施 1 次"断奶"肥,每亩施尿素 4~5 千克。移栽前 3~4 天,亩施尿素 7 千克作起身肥。

2. 室内乳苗的培育要点

(1) 种子预处理:要选择无病虫危害、饱满、发芽率高的谷粒,在播种前要进行晒种、选种和种子消毒等预处理,以确保种子均匀一致、健壮、不带病菌,减少和防止弱苗和病苗。

(2) 催芽:种子浸种消毒后要漂洗干净,放在室内催芽至露白,要求芽根均短壮,整齐度在 90% 以上,色泽白亮。

(3) 带泥、带肥、带药合理配比,增加抛秧重量:先把催好芽的种子与一定数量的粘性泥浆拌和(泥:水为 2:1,泥浆用量约为干种子的 1/2),再与钙镁磷肥拌匀(钙镁磷肥用量约为干种子重量的 2 倍),达到既增重又增肥的要求,提高抛栽后的竖苗率。再按每平方米 2 千克的干种子量,平摊均摊在底垫塑料薄膜的育秧板(盘)或地面上,并洒透水,根据"干长根,湿长芽"的原理,进入室温保湿、控根长苗阶段,这阶段一般要保持钙镁磷肥表面不发白的湿润状态,每天洒水2～4次,切不可造成过干,致使根长得过长,影响抛栽均匀度,经4天左右,育成1叶龄、苗高5厘米左右,根短而粗壮、老健的标准乳苗,抛栽前1天傍晚停止洒水。为了防止大田虫害以及带肥下田,可喷药肥液,即含0.5%尿素、0.3%磷酸二氢钾和0.1%乐果。抛栽当天上午将乳苗抖散,匀摊于地面待抛。

3. 秧田直接育秧的技术要点:目前常用的秧田直接培育抛栽秧苗,有湿润育秧和旱地育秧两种。其方法与常规的方法基本相同,但播种量要比常规育秧适当多些。1叶1心至2叶1心期,每亩喷施300ppm多效唑药液100千克,以控制苗高,促进分蘖。旱育秧移栽常用铲秧或带土拔秧。湿润育秧在秧苗生长期内,要经常脱水,沉实秧板,抛秧前4～5天排水晒田,至泥土不陷脚,田面细裂为止,以利于分棵带泥拔秧,也可秧田上水过夜后再拔,这样可以更加省力,但必须在上水后两天内拔完。这两种育秧方法均适用于中、大苗抛栽。

(三)因苗制宜,合理密植,确保抛栽质量 抛栽大田要求田平、面糊、水薄。抛秧最好在阴天或晴天的傍晚进行,这样可使秧苗抛栽后容易立苗。抛秧的动作与撒种相似,但应注意尽量抛高、抛远,先远后近,先撒抛,后点抛,先抛秧苗量的2/3,留1/3供补匀,抛时要尽量使秧苗分散、独立,并严格按田定秧,抛撒均匀。抛后2～3天内适当匀苗,删密补稀,并按一定距离留出人行道,以便管理操作和挖丰产沟。

为了充分发挥抛秧稻的高产优势,必须达到较多的穗数。据汕优63抛栽田调查,抛秧稻高产适宜穗数,比同类型移栽稻多9.1%～14.6%。在基本苗相同情况下,抛秧稻的成穗数比移栽的增加7.4%,但抛秧稻的稻丛大小不一,又无法并丛调整,每丛秧苗的平均茎蘖数,一般比移栽稻偏少,需要增加一定密度方能补偿,所以确定抛栽密度时,要比同类型移栽高产田增加一成左右为宜。一般以每亩2万～2.5万丛,基本苗10万左右为宜。乳苗和小苗抛栽,因大田秧苗成活率较高,可适当减少些。

(四)合理施肥,稳前攻后 抛秧栽培本田群体密度较大,又属带土浅栽,根系分布较浅,对肥水反应敏感,前期长势容易过猛,所以苗肥不能过多,保持群体平稳发展,防止群体过大。到了中、后期,由于功能叶较多,总颖花量较大,灌浆期较长,为了保持群体旺盛的活力,穗粒肥应适当加重。根据肥料多因子试验表明,抛秧稻的施肥原则是:在常规高产施肥的基础上,适当增加总用肥量,适当减少茎、蘖肥,增加穗粒肥,穗粒肥用量至少占总用肥量的30%左右。

(五)间歇灌溉,促根防倒 抛栽稻分蘖多,根系浅,水浆管理不当往往形成头重脚轻,最后连根倒伏。为了促根壮秆,有效地防止根倒,抛栽稻田必须坚持严格的间歇灌溉。除有效分蘖期适当保持浅水层外,其余时间一律实行脱水与上水,干湿交替。在抛秧后3～5天内,坚持阴天及无雨夜间露田,晴天中午后建立浅水层,促进扎根立苗。抛秧3～5天后建立浅水层,以利于发根分蘖。在亩茎蘖数达到预定穗数85%时开始晒田。由于抛栽稻对水分反应敏感,晒田不宜一次过重,宜采用多次轻晒,先轻后重,晒到田面"脚踏不下陷,见缝不见白"时即可。孕穗至抽穗阶段,可适当增加灌水次数。抽穗后直至成熟前3～5天,要严格保持田面硬板湿润,泥不陷脚,使稻根牢牢地固定在土壤中,这是防止抛栽稻根倒的关键。抛栽稻抽穗不够整齐,灌浆期拖得长,后期要特别注意养老稻,不宜断水过早,适当推迟收割,以提高谷粒的黄熟率。

(六)做好杂草病虫的防治 抛栽稻田秧苗分布极不规

则,叶龄又小,前期群体透光率高,有利于杂草的萌发和生长,而且耘田除草又极为不便,因此,化学除草显得尤为重要。化学除草应做到适时适量,抛栽稻田一般待秧苗基本站立后,每亩用5%的丁草胺颗粒剂0.5千克加丁草胺乳剂0.1千克,或用胺卡黄隆20~25克,均在建立水层后用毒土法撒施,除草效果较好。防病治虫与常规移栽稻基本相似,但后期要特别加强对纹枯病的防治。

第十一章 杂交稻旱育秧宽行插技术

水稻旱育秧宽行插技术,因其抗病、耐寒、增产、省工、省水以及操作简单易行等优点而受到多方关注。80年代初,日本的水稻专家藤原长作、原正市等先后应聘到我国传授寒地水稻旱育苗稀植技术,通过中日两国农学家和广大科技人员的多年共同努力,这项技术已在我国北方稻区70%的面积上得到示范推广。近年来,这项技术已经跨过长江,进入南方稻区,并在杂交稻面积很广泛的暖地试种成功。湖南浏阳县、浙江龙泉县的杂交早稻,采用旱育秧宽行插栽培法,要比水育秧常规栽培法平均每亩增产40千克以上,增幅为11.7%左右。在湖北江陵县等地,种植双季稻光温资源紧张,而种植单季水稻又有余。因而采用杂交中籼稻旱育秧宽行插技术,加再生稻,头季稻亩产600千克,再生稻亩产197千克,合计亩产797千克,大大超过水育秧年单产400~500千克。四川泸县杂交晚稻采用旱育秧技术,比水育秧增产7.9%。可见,不同类型杂交稻应用旱育秧宽行插技术具有普遍的增产效应。

一、杂交稻旱育秧宽行插的技术特点

杂交稻旱育秧是在接近旱地状态土壤环境中培育秧苗。在形态上,具有旱地作物的根系特征(即根系发达,支根和根毛多),苗矮壮,组织致密,单位面积细胞数多,手触有弹性感,并带有分蘖和潜蘖。在生理上,具有植株含氮、糖量高,而碳氮比值也较高,地上部单株干物重和秧苗充实度大。在生态上,表现长势旺,抗逆力强,耐旱、耐寒和耐盐(碱)性较强,移栽后发根和返青快,分蘖发得早,发得多,有穗足、穗大、粒多、粒重等良好表现。其生产技术的优点是:

(一)有利于早播早插夺高产　由于旱育技术培育的秧苗耐冷性好,有利于早播早插早熟。不仅可以种植中、迟熟杂交组合而获得早熟,而且因早播早插,延长营养生长期,增加营养物质积累,为提高产量奠定了基础。据湖南省浏阳县 1992 年杂交早稻旱育秧宽行插栽培示范结果表明,播栽期比水育秧常规栽培提早 20 天左右。由于早播早插,虽然育秧期遇低温影响,但其齐穗期及成熟期均提早 3 天左右,主茎总叶片增加 0.6~1.3 叶,每亩有效穗增加 2 万左右,每穗总粒数多 5 粒左右,结实率提高 5%,千粒重提高 0.3 克,比水育秧常规栽培增产 14.7%。

(二)有利于省本增产增收　杂交稻旱育秧宽行插技术与传统的水育秧栽培法比较,具有省秧田、省工、省肥、省农膜(杂交早、中稻),丰产性好等特点。据浙江省农业厅汇总资料表明,杂交早稻运用旱育秧宽行插技术,每亩大田只需秧田 0.01 亩,比"半旱秧栽培"节省秧田 84.8%,节省农膜 84.8%,节省用工 14.6%,节省氮磷钾肥料 0.5%~10%,每亩增产粮食 61.9 千克,增产 14.6%。

二、旱育秧宽行插杂交稻的生育特性

(一)秧苗素质好,有利于壮秆大穗 杂交稻旱育秧可以形成植株矮壮、长势健旺的秧苗,苗体含水分少,含氮量和碳水化合物高。据浙江省温州市农科所测定,旱育秧苗比半旱秧苗含氮量高 42.2%,含碳水化合物高 37.3%。有利于适应早春低温环境,秧苗抗寒性强,为早播早插提供了条件。秧苗旱管有利于根系发达,增强活力,促进吸水吸肥。栽插时抗植伤能力强,缓苗快,一般无明显返青期,栽后次日发新根,2 天见新叶,6 天长新蘖,达到穗数苗的速度快,成穗节位低。又据观察,杂交稻旱育秧宽行插栽培,植株各节间的粗度增大,基部节间缩短,穗颈节伸长,有利于增加每穗粒数。对主茎各节间横切面镜检时发现,各节间的维管束数目明显增加,为壮秆大穗打下了基础。

(二)叶层光合作用旺盛,有利于物质积累 由于稀植群体数量起点低,分蘖前期叶面积平稳发展,一般在拔节前后开始超过密植群体,而且稀植群体单位叶面积干物质重量高,叶片厚度大,尽管上部叶片较长,仍能保持直立,冠层挺拔,有效地改善群体各叶层的光照条件。在抽穗后叶面积下降比较平稳,高光合速率层(顶 3 叶)叶面积比例高,占总叶面积的 62.2%,还由于稀植使每穴所占的空间扩大,改善了群体中下部的光照条件,因而不仅发挥上层的光合优势,还能提高中层的光合速率和维持下层有一定的光合强度,从而延缓中下层叶片衰老,有利于光合产物的合成和积累。

(三)成穗率高,结实性好,有利于增粒增重 由于移栽时叶龄小,有效分蘖节位低,主茎分蘖成穗节位增加,单株成穗多。在移栽初期虽然生长量较小,但新根多,根系明显比常规栽培粗壮,且向深处土壤扩展。生育中期,根量随着茎叶生长量的增加而相应增加,扎根深而分布范围广,吸收肥水能力强。结实期根系保持较高活力,维持植株活棵成熟,有利于增穗、增粒、增重。据浙江省各地试验汇总表明,杂交水稻旱育秧宽行插的落田苗仅为半旱秧栽培的一半时,因插种群体过小,单位面积有效穗明显偏少,但此时表现为显著的增粒、增产优势。当旱育秧的落田苗与半旱秧栽培接近时,则表现为增穗、增粒兼顾优势,并以增穗增产为主,表现出明显的分蘖力强、成穗率高以及穗大粒多的增产优势。

三、杂交稻手插旱育苗的苗床管理

杂交稻手插旱育苗可以中苗栽插,也可以大苗栽插。中苗栽插时播种量每平方米 150 克左右,可移栽 60～90 米^2,秧龄 30 天左右,苗高约 12 厘米,3.5～4.5 叶龄,地上部百株干重 3 克以上,秧苗基部呈扁平型。大苗栽插时播种量每平方米 30～50 克,可移栽 20 米^2,一般秧龄 45 天左右,7.5～8 叶龄,苗高 20～25 厘米,茎基部宽 0.3 厘米以上,单株带蘖 2～3 个,基部第一节位发生蘖 80％以上。

(一)**苗床的选择和培肥** 选择地势平坦,排水良好,地下水位低,土壤有机质丰富,质地疏松,管理方便的旱地或菜园地作为苗床。苗床要进行秋翻或春翻,便于床土保水保肥。耕翻深度应达 14～15 厘米,床土厚度达 12～13 厘米为好。新建立的旱育秧苗床,均需施入大量的农家肥进行培肥。据浙江省农业厅试验,有 3 种培肥方法增产效果显著:①在播种前一年秋季(9～10 月份),每平方米苗床均匀翻入碎稻草 4～5 千克和栏肥 3 千克、过磷酸钙 150～200 克;②在播种前一年秋季,按每平方米苗床 4～5 千克稻草、2～3 千克栏肥、150～200 克过磷酸钙,拌匀堆腐,待腐熟后翻入床土;③在播种前3~5天,每平方米苗床施入5千克左右腐熟栏肥,与基肥一起均匀翻入床土。若苗床是肥沃疏松的常年蔬菜地或经过2~3年培养的床土,则可少施或不施农家肥。

(二)**床土的调酸与消毒** 各地实践证明,水稻秧苗在氢离子浓度10 000纳摩/升(pH5)左右的偏酸性土壤环境中旱长最为适宜。在酸性土壤中某些必需营养元素被活化,秧苗生理机能旺盛,抗逆力增强,而且,土壤立枯病致病真菌的活动与繁殖受到抑制。一般旱育秧床土在氢离子浓度1 000纳摩/升以上(pH6以下)可不必调酸。若床土氢离子浓度在1 000~316.3纳摩/升(pH6~6.5)范围,每平方米施硫酸铵或硝酸铵40~60克,也可以施适量的硝基腐殖酸等酸性肥料调酸。若氢离子浓度小于316.3纳摩/升(pH6.5以上),则应对土壤进行调酸。在播种前20天,每平方米苗床均匀施入硫黄粉50~100克。也可每平方米苗床用98%浓硫酸80~90克,对水450~750毫升(视床土湿度而定),用喷壶或喷雾器均匀喷洒在床面或营养土中,使用pH试纸检查,使其达到要求标准。秧苗出土后出现氢离子浓度降低时,可喷浇98%浓硫酸4 000倍液。

床土消毒可用敌克松或立枯灵杀菌剂处理,既能消灭或抑制土壤中立枯病等主要病原菌,又有增强秧苗抗逆性和促进秧苗健壮生长的作用。一般在播种前每平方米用敌克松2.5克,先用少量白酒或酒精溶解,然后再稀释成600~1 000倍液,均匀喷洒在床面上,一般半衰期为28天以上。也可用立枯灵,但半衰期只有10~14天,1叶1心期需补浇敌克松药液。

(三)**苗床制作** 一般旱育苗床,播幅1.2米,长25~30

米。宽床开闭式旱育苗床,宽1.7~1.8米,播幅可达1.5~1.6米,长15米,每床面积22.5平方米。窄床旱育苗床,宽1.1米,长15米,每床面积16.5平方米。大棚旱育秧苗床,宽4~6米,长30~40米,棚中央高度2米,棚内中间有人行道。小棚覆盖农膜旱育苗床,一般畦宽1米左右,沟宽0.3米,沟深10~15厘米。平铺覆盖农膜的则畦宽1.7米,沟宽0.3米,沟深10~15厘米。各地要根据当地生产条件和气候状况选择和制作适宜的苗床。

(四)适时早播　旱育秧苗耐寒性强,可以早播早栽,一般比常规"半旱秧栽培"提早15天左右播种。因此,可选用中迟熟高产组合早播,达到早熟、高产。在播前3~5天,苗床应施足底肥,每平方米施硫酸铵60克、过磷酸钙80克、氯化钾40克。施肥后多次全面翻耕床土,使土和肥料均匀混合,然后开沟做畦。播种当天,向苗床泼浇水分,使床土水分达到饱和状态,这是旱育秧争取全苗齐苗的关键。尔后喷洒敌克松进行土壤消毒,用木板将床面压平,即可播种。播种量根据秧苗移栽叶龄确定。播后塌谷,使种子陷入土中,再均匀覆盖一层细土,使谷种不外露。盖种后再喷1次水,使表土充分湿透,并对露籽的地方重新盖土,最后搭拱架覆盖塑料薄膜,并将薄膜四周用土压牢。也可采用地膜打洞平铺覆盖法育秧,此法安全,省钱省工,易管理,秧苗素质好,产量高。

(五)播后管理　旱育秧播后管理的技术关键是,苗床的水分和膜内温度的调控,确保秧苗地上部不徒长,地下部根系发达,苗壮,成苗率高。

1. **播种至出苗期**:抓好出苗所需的水分和温度,促进早出苗、出齐苗。当膜内温度达35℃时,要通风降温,可在背风侧面揭膜或两端揭膜通风。

2. 出苗至1叶1心期：此期对低温抵抗力强，但床土过湿将严重影响根系发育。要控制膜内温度在20～25℃为宜。高温晴天时揭开膜两端及背风侧面通风，控制膜内温度在30℃以下。多雨积水或排水不良的秧田，白天揭膜，晚上盖膜，晾干床面。

3. 1叶1心至离乳期：此期最易得立枯病和青枯病，是培育壮秧的关键时期。此期秧苗对水分最不敏感，对低温抗性强。应尽力保持床土干燥，使床土水分降到一般旱地状态。即使床面出现细裂缝，也不必浇水，促进根系发达和秧苗苗壮成长。膜内温度尽量保持在20℃。高温晴天，必需大通风。阴冷雨天，揭开膜两端，但避免雨水淋苗。

4. 离乳期至插秧期：此期苗体生长旺盛，不仅生理上需要大量水分，而且随着气温上升，床土容易干燥，可适量向苗床浇些水，但不能过湿。离乳期过后，外界气温较高，要彻底通风炼苗，阴雨和寒冷天气也要小通风。插秧前3～5天昼夜不关棚进行炼苗，以适应自然气候。此外，应追施起身肥，每平方米施硫酸铵20克左右，施肥后马上用清水洗苗，以防化肥伤苗。

四、杂交稻机插旱育苗的苗床管理

杂交稻机插旱育苗一般利用育秧盘育秧，根从盘孔扎根于底床土中，秧盘规格为58厘米×28厘米。

（一）**播种量及秧苗规格** 盘育秧根据育苗的大小分为小苗、中苗、大苗。盘育小苗：播种量每盘200克，秧龄20天，叶龄2～2.5，地上部百株重1克以上，秧盘底部根呈白色，每亩本田需插7～8盘。主要特点是播种密，用料省，管理方便，成本低。盘育中苗：播种量每盘100克，秧龄30天左右，叶龄

3.1～3.5,地上部百株重 2 克以上,叶片直立,第一片叶不黄萎,每亩本田需插 15 盘。主要特点是移栽后生长安全。盘育大苗:播种量每盘 50 克,一般条播,秧龄 38 天左右,3.6 叶龄以上,地上部百株重 3 克以上,大部分带有分蘖,叶片直立,不完全叶呈绿色,根白色。每亩本田约插 30 盘以上。主要特点是管理方便,移栽成活率高,插秧时间宽松些。

（二）**施肥** 旱育苗机插在配制床土时,应施入一定量的氮磷钾化肥。每盘床土 4 千克左右,施氮素 1 克、磷素 1.5 克、钾素 1.5 克,如果床土未经充分培肥,应增施氮素到 2 克,并用酸性化肥为好,如硫酸铵、过磷酸钙、硫酸钾。秧盘床土厚度 2.5～2.7 厘米,播前还必须施肥,每盘苗床施硫酸铵 4 克,过磷酸钙 8 克,硫酸钾 4 克。床土厚度超过 3 厘米,播前可不施肥。此外,还应施杀菌剂,一般每盘床土用 0.25 克敌克松对水 1 000 倍,喷施在床土表面灭菌。

（三）**播种** 播种期是根据插秧期和秧龄确定的,即计划插秧日期减去育秧天数便是。播种前要浸种催芽,播种时尽量做到播量准确,落籽均匀,达到秧苗整齐健壮,以利于机插成活。

（四）**秧苗管理** 应根据不同生长发育阶段,保温保湿,促进齐苗、匀苗、壮苗。

1. 绿化期(1.5 叶):应在比自然光照稍弱的条件下完成绿化过程,避免强光。早季育秧膜内白天应保持温度 25～30℃,不超过 35℃不通风,夜间保持 5～10℃以上。水分要浇透,但浇水次数宜少。

2. 硬化初期(1.5～2.5 叶):此期秧苗耐冷性较强,对水分反应不敏感。管理的重点是防止叶片徒长,促进根系发育,培育生长苗壮的秧苗。白天保持温度 20～25℃,夜间不低于 5

~7℃。床土保持湿润而不干燥为宜。1.5叶期结合浇水,每盘追施硫酸铵5克,以保持土壤氮素水平,并浇1次敌克松(或立枯灵)1 000倍水液,防治立枯病。

3. 硬化期(2.5～3.5叶):要保持充足的水分和养分,并控制高温徒长。白天保持温度20～25℃,夜间不低于5～7℃。白天气温高时打开大棚两侧进行通风,达到棚内外温度一致,以利炼苗。在气温较高时,苗叶蒸发量加大,结合通风炼苗,要看天、看地、看苗适当多浇水,一般晴天多浇,阴天少浇或不浇;如床土不干,叶尖早晚水珠多,叶片软弱时,应少浇或不浇。2.5叶时每盘追施硫酸铵5克左右。

五、杂交稻宽行插大田管理技术

(一)适时移栽,合理稀插 杂交稻旱育秧宽行插移栽时,采用宽行窄株(穴或丛)栽插方式。从移栽到分蘖末期,是大田生育前期;从分蘖末期到见穗期,为生育中期;从见穗期到成熟期,为生育后期。大田管理要求前期促根旺,中期不封行,后期穗搭行。手插秧一般在秧龄3.5～4.5叶时移栽,移栽前一天苗床充分浇水。移栽时铲秧或人工拔秧,并带土插秧,力争浅插,做到第一完全叶外露。北方寒地稻区插秧规格为行株距30厘米×13.3厘米,每亩1.67万丛左右,每丛插1～2苗。南方暖地稻区应密些,一般为23.3厘米×13.3厘米,每亩2万丛上下,每丛插1～2苗。大穗型品种可适当稀些,小穗型品种可适当密些。有些地区对旱育秧老苗移栽作了探索,叶龄在8叶左右移栽,由于带蘖量多,苗体高大,其移植规格可稀一些,行株距为40厘米×15厘米,亩插1.1万～1.2万穴。更有利于省水、省工、省肥、省种、省秧田和增产、抗倒伏、抗早衰等优势的发挥。

旱育秧宽行机插的规格大体上与手插一致,要求田面更平整,耕层不宜过深,以免影响机插质量,一般每台每小时可插1亩左右。

(二)前期施足基面肥,浅灌促蘖 大田生育前期,要积极促进稻苗早发快发,及早达到预期的穗数苗,这是建立壮秆大穗的基础,在低温、盐碱土壤及晚插秧地区尤为重要。旱育秧宽行插的大田群体总主茎数较少,初期生长量相对较低,但由于栽后扎根快,返青早,分蘖早生快发,所以田间管理措施要扬长避短,施足基肥,浅灌促蘖。大田总施肥量一般每亩施氮素10~12.5千克,磷素4~6千克,钾素8~10千克。基础肥力较好的可以偏低,反之,则可以偏高。基肥以施农家肥为主,一般亩施农家肥750千克左右,化肥尿素4~6千克,过磷酸钙15~25千克,氯化钾7.5千克,全层施肥,底面结合。追肥要早,数量要适中,以促进早发,但又不促发过头,苗峰控制在每亩30万左右。水分管理要采用浅灌,以提高地温,促进低节位分蘖。盐碱地区应实行插前大水泡田,洗压盐碱,插秧后前3天保持苗高2/3深水护苗,以后浅水灌溉。透水性不好的田块,要注意露田扎根。同时要施除草剂,防除田间杂草。

(三)中期控施蘖肥,多次露田促根 水稻宽行插的群体,在前期已有一定生长量的基础上,从有效分蘖终止期到孕穗末期,田间管理的主要任务是保证水稻营养器官同生殖器官平衡生长,建成具有良好受光态势的群体,这是培育壮秆大穗的关键。措施上既要防止大促大控,又要防止只促不控,即在本田施足基面肥基础上,一般要少施分蘖肥,甚至不施。对生长量不足的田块,每亩可追施尿素4~5千克,对个别生长不整齐的田块,可以适量补肥,吊平田面,提高群体质量。水分管理,应采用多次露田的办法,既可控制中期徒长,又能供给土壤充足的氧气和排除还原性有毒物质,促进根系发达,起到促下控上的作用。控水方法以薄水灌溉,再自然落干1～2天,两者交替进行3～5次。同时要重视施穗肥。由于这个生育阶段既要出生最后3片左右的新叶,又处于幼穗分化形成时期,田间管理任务是保证水稻稳健生长发育。根据苗情酌施促花肥或保花肥,提高成穗率和结实率,形成大穗,防止早衰。一般在倒二叶定型前,看苗施用穗肥,可施尿素4～6千克,配合施氯化钾3～5千克。如果保肥力差,叶色淡的缺肥田,可适当提早先施促花肥,可施尿素3～5千克,有利于迟生分蘖成穗和增大穗形,在剑叶出生时,再施余下的肥作为保花肥,以达到促花肥增穗、增粒,保花肥增粒、增重的效果。

(四)后期养根保叶,促进青秆黄熟 生育后期在措施上是围绕养根保叶进行田间管理,防止长期深灌造成茎秆软弱和土壤还原。田脚过烂的田块,应适当断水。在破口期及时采用药剂防治穗颈瘟效果最好。灌浆结实期采取湿润灌溉,保持干干湿湿,以湿为主。缺水干旱和过早排水,将严重阻碍灌浆结实,造成空秕粒增加,降低结实率。收割前切忌断水过早,以防茎叶早枯,影响米质和千粒重。黄熟初期可排水落干,促进成熟,以利于收割。

第十二章 杂交稻再生高产技术

绝大多数水稻品种除顶节无腋芽外,其他茎节每节着生一个腋芽。一般位于地表附近至地上部的第四至第五节的节间明显伸长,这些节上的腋芽在生育期通常不萌发成新茎,称为休眠芽(或潜伏芽),以与着生于地下部分分蘖节上的分蘖芽相区别。在适宜的外界环境条件下,水稻收割后留存于稻桩上的休眠芽可萌发新茎,称再生芽,并能抽穗结实,得到第二次收成。种植杂交水稻的,就称为再生杂交稻。

一、再生杂交稻的特点

一是生育期短。只有 60 天左右,可在种植两季水稻的生育季节不足,而种植一季稻有余的地区,充分利用头季稻收割后,留存在稻桩内的营养物质及当地的温、光、土地资源,达到增产增收。

二是产量较高。由于杂交水稻的分蘖优势强、产量高,不仅表现在头季稻上,也表现在再生稻上。利用杂交水稻培育再生稻,可实现一种两收,增加产量。

三是经济效益好。培育再生杂交稻,不需播种、育秧、插秧,也不需翻耕。栽培得当,一般亩产可达 150 千克左右,是一条省力、省钱、高效的增产途径。

四是栽培技术简单,容易掌握,便于推广。

近几年来,随着杂交稻面积的扩大,杂交水稻再生利用也迅猛发展,其面积已突破 1 000 万亩。其中,四川省发展最快,面积占全国的 80% 左右。同时,再生稻的产量也有了很大的提高。四川省 1989 年再生稻收获面积 675.6 万亩,平均亩产 105.5 千克。湖北省 1990 年再生稻收获面积 61.7 万亩,平均亩产达到 189 千克,其中江陵县观音垱镇 1.3 万亩,平均亩产达到 327 千克,最高田块达到 570 千克。大力发展再生稻已成为增产增收的一条重要途径。

二、再生杂交稻的生育特性

(一)再生芽的生长发育 杂交稻再生芽即潜伏芽,在头季稻秆上萌动的过程中,其幼穗分化也在进行。一般从头季稻齐穗后 15 天左右开始,倒第二节位芽先开始分化,到完熟时所有节位芽都已开始分化。再生芽的分化为上位芽早,下位芽迟,上位芽前期分化快,下位芽后期分化快。头季稻越接近完熟,再生芽穗的分化数量越多。

再生芽的生长发育中营养生长和生殖生长是同步进行的,越接近完熟生长越快,头季稻完熟时再生芽的长度一般小于 4 厘米。收割后,若环境适宜,经过 25～30 天即可抽穗,60 天左右即可成熟。

(二)**再生稻的形态特征** 株高(从地面算起)一般为头季稻的 1/2～2/3。其高度变化较大,随着生节位的上升而降低。叶片数一般为 2～4 片,叶片较头季稻短、窄、薄。上部节位再生株叶片数少,叶面积小,下部节位再生株叶片数多,叶面积大。新根萌发随再生株着生节位的上升而减少,一般留高桩的再生稻很少萌发新根。吸收水分、养分主要靠老根。

(三)**再生稻的产量构成** 再生稻的产量构成与头季稻一样,也由每亩有效穗数、每穗粒数、结实率和千粒重所构成,但再生稻的产量构成有其特点:

一是有效穗数在产量构成中起主导作用,产量随有效穗数的增加而增加。产量构成各因素对产量的贡献大小依次为:有效穗数、每穗粒数、结实率、千粒重。

二是上位芽穗占产量的比重大,一般杂交水稻倒二、倒三芽穗形成的产量占再生稻亩产量的 70% 以上。

三是每穗粒数少,穗粒数只有头季稻的 1/3 强,且不同组合间差异不大,各节位芽穗间,上位芽穗粒数少,下位芽穗粒数多。

三、再生杂交稻生长发育与环境条件

再生稻要获得高产,首先要有良好的自身条件,即再生芽要多、要壮,这取决于头季稻生长的好坏。其次要有适宜的环境条件,再生芽的萌发、生长、开花、结实都要求适宜的温、光、水、肥等条件,这是再生稻高产的关键。

(一)**温度** 再生稻的生长发育,在适宜的温度范围内,温度升高,生长发育加快,反之,则减慢。温度过高、过低都不利于再生芽的生长发育。

温度对再生稻产量影响最大的时期,是发苗期和抽穗开花期。发苗期的温度在20~30℃范围内,温度升高有利于发苗和生长发育。发苗期一般都在8月中下旬,此时气温完全可满足再生芽生长发育对温度的要求。温度超过35℃以上会引起再生芽的死亡。抽穗开花期是产量形成的关键时期,开花受精的最适温度为25~30℃,日平均温度低于23℃则影响受精结实,严重的会形成翘穗头。因此,必须注意再生杂交稻应在当地日均温度连续3天≥23℃前齐穗。

(二)**光照** 头季稻生长后期的光照强弱影响再生芽的分化和发育。此期光照充足,则光合产物积累多,再生芽萌发快,成苗率高。

光照强弱还影响结实率的高低,在温度基本满足的情况下,光照充足有利于提高结实率,光照不足、阴雨日多,则结实率下降。

再生稻生育期短,头季稻收割后残留的营养物质只占后期光合产物的1/10左右,而这部分营养物质也只有一半左右能用于再生稻茎叶的生长和转运到穗部,再生稻产量的获得主要靠再生期间叶片制造的光合产物。因此,再生稻生育期间,特别是中后期,强光多,光照充足,能提高再生稻产量。

(三)水分 再生稻的需水量为头季稻的 45%～70%。再生稻整个生长发育过程都需要有适宜的水分,特别是头季稻收获前后的一段时间,是再生芽幼穗分化和萌发生长时期,对水分很敏感,若此时缺水会造成茎秆失水,再生芽分化生长受阻,甚至死亡。因此,头季稻收割前后保持湿润灌溉非常重要。再生稻中后期的需水规律同头季稻。

(四)养分 再生稻的生长发育同头季稻一样需要氮磷钾等营养元素。一般残留在稻桩中的磷钾元素和土壤中未被头季稻利用的磷钾元素能满足再生稻对磷钾的需求。除了缺磷、缺钾的土壤需增施磷钾肥外,再生稻施肥一般以氮肥为主。

再生稻对氮的需要以头季稻收割后 15 天左右最多,头季稻收割前后次之,再生稻抽穗以后需氮较少。头季稻收割前施肥可起到以肥养根,以根养叶,以叶养芽的作用,使再生芽芽壮穗大。头季稻收割后再生稻迅速生长,此时需氮较多,氮素充足有利于营养器官的生长,从而积累较多的物质,有利于成大穗和提高结实率。抽穗以后植株基本定型,植株的生长中心是叶片光合作用产生光合产物用于籽粒充实,光合作用所需氮素主要由植株内部调节,根部吸氮很少。

四、再生杂交稻的栽培技术

(一)选用适宜的组合 实践证明选择一个适宜于本地区种植的优良杂交组合,是再生稻能否成功的关键,优良的再生杂交组合必须具备以下基本条件:

1. 选择条件

(1)生育期适宜:既要考虑充分利用温光资源,又要考虑该杂交组合培育的再生稻能安全齐穗。一般再生稻齐穗在头季稻收割后30天左右,以头季稻播种的下限温度日平均大于12℃为起点,再生稻安全齐穗的下限温度日均温大于23℃为终点,计算出该地区水稻能正常生长的总日期,减去30天即为头季稻组合的适宜生育期。

(2)头季稻产量高:培育再生稻的目的是为了提高全年稻谷总产量,但就目前的生产水平,再生稻的产量还不如头季稻。因此,培育再生稻也要立足头季稻高产。头季稻高产才能全年高产,头季稻高产也是再生稻高产的基础。生产上必须选用头季稻高产的组合来培育再生稻。

(3)再生力强:水稻组合间的再生力存在着明显的差异,这主要是由遗传基因决定的。选用再生力强的品种才能获得较多的再生苗。有较多的再生苗才能获得较高的有效穗数,才能达到较高的产量。

2. 目前生产上用于再生利用的主要组合

(1)迟熟杂交中稻:汕优63,D优63,D优10号,汕优10号。头季稻生育期152天左右,穗大粒多,适应性广,丰产性好,抗病力较强。一般亩产500~600千克。汕优63,汕优10号再生芽萌发生长较迟缓,一般收割后10天左右齐苗,成穗率较高;D优63和D优10号再生芽萌发伸长较快,一般3~5天即可齐苗。留桩高度35~40厘米为宜,生育期60天左右,一般产量100~150千克。由于头季稻生育期较长,利用这几个组合培育再生稻时,应采取适时早播、保温育秧等措施,使头季稻尽量提早成熟。

(2)中熟杂交组合:汕优桂33,汕优桂32。头季稻生育期142天左右,分蘖力强,适应性广,抗病力较强。一般亩产450~500千克。再生稻芽穗萌发迟缓,一般头季稻收后10天左右齐苗,生育期60天左右,一般亩产150~200千克。

(3) 早熟杂交组合：汕优64、威优64等。头季稻生育期125天左右，分蘖力强，适应性广，抗性好。头季稻亩产450～500千克。收割后，威优64再生芽萌发快而齐，3天左右即可齐苗。该两组合穗形较小，栽培头季稻应适当密植，亩插2.5万丛左右，争取多穗高产。再生稻中上位芽为优势芽，收割时留桩高度35厘米左右，注意早施促芽肥，栽培得当，亩产可达150～200千克。

(二) 种好头季稻，为再生稻高产打下物质基础 再生稻产量的高低，很大程度上取决于头季稻生长的好坏。因此，头季稻和再生稻的栽培管理应作为一个整体来抓，在头季稻高产栽培基础上，着重抓好有利于再生稻生长发育的几个环节：

1. *适时早播，保温育秧*：适时早播能相对延长头季稻的营养生长期，积累较多的干物质，提高产量。早播能提早成熟，也有利于再生稻的生长发育，保证安全齐穗。但早播易受冷害，应采取地膜保温育秧和温室育秧等措施防止烂秧。

2. *适当密植，宽行窄株*：再生稻每穗粒数少，要靠多穗增产。再生稻的穗数不仅和头季稻穗数有关，而且和头季稻茎蘖质量有关。头季稻主茎穗和一次分蘖穗多、生长健壮，则再生苗就多，再生稻穗数就多。如果头季稻群体过密，虽然苗多但生长不良，病虫危害严重，则会严重影响再生芽的生长发育。因此，头季稻一定要建成由粗壮个体组成的适中群体。一般早熟组合亩栽2万丛左右，中迟熟组合亩栽1.7万丛左右，每丛插2株带1～2个分蘖的壮秧。为有利于田间通风透光，便于管理，宜采用宽行窄株栽插方式，中迟熟组合用16厘米×24厘米、14厘米×30厘米，早熟组合用15厘米×22厘米、13厘米×25厘米。

3. *加强管理，预防病虫害*：肥水管理除按水稻高产栽培要求外，还要适当晒田控制无效分蘖，改善群体结构，促进根系生长，减轻病虫害的发生。一般达到穗数的苗数（单季杂交稻亩18万～22万苗）时即可晒田。后期不能断水，要湿润灌溉养老稻，湿田割稻，以达到湿润养芽的目的。应特别注意对纹枯病、稻飞虱、稻螟虫等危害茎秆，伤及再生芽的病虫的防治。

（三）早施重施促芽肥，适施促苗肥，力争全苗壮苗 再生稻生育期短，一般只有60天左右，而且营养生长和生殖生长同步进行，再生芽的萌发生长需要大量营养物质。因此，再生稻的施肥应突出一个"早"字。

促芽肥在头季稻收割前施用，是促进再生芽萌发生长的肥料。施用促芽肥能提高头季稻后期叶片含氮量，延迟叶片衰老，增加茎秆、叶鞘中营养物质含量，刺激再生芽的萌发生长。促芽肥宜在头季稻齐穗后15～20天使用，过早施用虽有利于再生芽萌发生长，但易造成头季稻贪青迟熟，影响产量；另外，再生芽生长过长，收割时也易损坏。过迟则达不到促芽作用，影响再生稻的季节和产量。亩产量目标150～200千克左右的再生稻，促芽肥用量为亩施尿素8～10千克，缺磷、缺钾的田块可适当增施磷钾肥。

再生稻能否高产，取决于再生苗能否出全、长齐、粗壮。在施用促芽肥的基础上，再施好促苗肥（又叫促穗肥）是非常重要的。一般在头季稻收割后5天左右，亩施尿素4～5千克，确保全苗、齐苗，同时起到促穗、保花的作用。

（四）头季稻完熟收割，高留稻桩 头季稻收割时间的早迟不仅影响头季稻产量，对再生稻产量影响更大。杂交水稻，尤其是杂交中稻灌浆时间比较长，过早收割会降低千粒重和结实率，从而影响头季稻产量。头季稻收获过早，还会严重影响再生稻的有效穗数。因为再生芽未形成新根和绿叶之前,萌发生长所需的水分和养分完全靠头季稻的母株提供,头季稻籽粒没有成熟时,由于顶端优势的作用,叶片光合作用产生的营养物质主要用于籽粒的充实,供给再生芽的营养物质很少,此时的再生芽瘦小,萌发率低,若此时收割,过早切断了再生芽的营养来源,造成再生芽生长不良,萌发率低。若遇高温、干燥天气还会造成再生芽大量死亡。头季稻越接近完熟,籽粒所需的营养物质就愈来愈少,此时,就有较多的营养物质供再生芽的生长发育,有利于再生芽的生长、成苗。因此,头季稻的收获期应在完熟期为宜。

再生稻的留桩高度与产量和生育期有密切关系,且在品种之间因再生芽着生节位的高低也有较大差别。由于杂交水稻多属高节位型再生芽,因此,高留稻桩能保留较多的再生芽,残留的营养物质也多,有利于提高有效穗数,争取多穗增产。高留稻桩还能缩短生育期,有利于再生稻的安全齐穗。在再生稻的产量构成中,倒二芽、倒三芽所形成的产量占70%以上。因此,留桩高度应以保留倒二芽为原则,一般留桩高度在30~40厘米。

(五)科学管水,护芽护苗 再生稻要获得高产,加强田间管理也十分重要。头季稻收获过程中应避免踩伤稻桩,及时移走稻草,扶正倒伏稻桩,清除田间杂草,争取全苗、齐苗。头季稻收割后应保持田面湿润或浅水灌溉。灌水太深会影响低位再生芽的萌发。若在收割后遇到高温干燥气候,更应保持浅水层或田土湿润,以防稻桩失水,达到早出芽、出壮芽的目的。再生苗长出后可浅水灌溉,孕穗期加深水层,灌浆期湿润灌溉。

(六)防治病虫,适时收获 再生稻植株小,叶片小,田间通风透光条件好,一般病虫害危害较轻。但也要注意对迁飞性害虫飞虱、叶蝉及二化螟、三化螟的防治。稻瘟病区应注意防治穗颈稻瘟,小面积再生稻还应防治鼠害。

再生稻各节位芽的生育期长短不一,造成各节位芽穗成熟期不一致,因此,再生稻的收获期不能过早,当90%以上的穗成熟后,方可收割。

第十三章 杂交稻病虫草鼠害的防治技术

全国已知杂交水稻上的病害有72种,其中成灾的病害约10种;水稻害虫有252种,为害严重的有20种左右。在不进行防治的情况下,常年病虫危害造成的稻谷损失率达15%~20%。由于不同杂交稻组合对病虫的抗性有差异,加之采取了与常规稻不同的栽培措施,改变了病虫对原有生态环境的适应性,特别是在常规稻与杂交稻同时存在的情况下,病虫的生长发育得到了比较理想的选择与发展机会,使病虫在发生时期、分布空间及危害程度等诸方面都出现了新的变化。过去局部地区发生的黄矮病、萎缩病、瘤状矮病,甚至在常规稻上被认为是不重要的稻曲病、稻粒黑粉病、叶鞘腐败病等,如今已明显抬头;一些检疫性病害如白叶枯病和细菌性条斑病,由于在疫区(如海南岛)制种和相互引种,致使病害得到广泛传播;稻瘟病、纹枯病、稻飞虱、稻纵卷叶螟的发生面积亦逐年扩大,为害加重;长江流域稻区的二化螟、大螟的发生数量上升,江南、江淮稻区三化螟有所回升。此外,黄花萎缩病(霜霉病)、紫秆病、稻秆潜蝇在一些地区也引起杂交稻不同程度的损失,尤其在南岭、武夷山脉一带稻瘿蚊发生严重。因此,掌握杂交稻病虫害的发生特点,采取相应的防治对策,是充分发挥杂交稻增产优势,挖掘增产潜力的重要保证。

一、杂交稻的主要病害防治

稻瘟病

稻瘟病又名稻热病,为真菌性病害,是我国水稻的主要病害。分布广,为害重,遍及各稻区。一般山区重于丘陵、平原区,晚稻重于早稻。流行年份,一般减产10%～20%,重的达40%～50%,甚至颗粒不收。

【症　状】 稻瘟病在水稻各生育期都可发生,按其发病部位不同,可分为苗瘟、叶瘟、节瘟、穗颈瘟和谷粒瘟,以穗颈瘟对产量影响最大。

(1)苗　瘟:一般发生在3叶期前,先在幼芽基部和芽鞘上出现水渍状病斑,后变黑褐色,上部呈黄褐或淡红褐色,后卷缩枯死。

(2)叶　瘟:在秧苗3叶期后及本田期的叶片上发生。根据水稻的抗病性和气候条件不同,有白点型、急性型、慢性型和褐点型4种病斑类型。白点型病斑为白色近圆形的小斑点,多在雨后天晴,突转干旱或稻田缺水的情况下在嫩叶上发生,病斑上不产生孢子;急性型病斑呈暗绿色,多数近圆形或椭圆形,其后逐渐发展为纺锤形,病斑上密生绿色霉;慢性型病斑呈梭形,中央灰白色,边缘红褐色,外围有黄色晕;褐点型病斑通常在老叶或抗病品种上产生褐色小点,一般不产生孢子。

(3)节　瘟:多发生在穗颈下第一、二节上,起初呈褐色或黑褐色略凹陷的小点,以后环状扩大至整个节部,潮湿时上面长出一层灰色霉。

(4)穗颈瘟:发生在穗颈、穗轴和枝梗上,产生褐色或墨绿色的变色部。发病早的形成白穗,发病迟的谷粒不饱满。

(5)谷粒瘟:发生在谷壳和护颖上。发病早的形成秕谷,呈椭圆形或不规则的褐色斑点。

【发病及流行特点】 病菌以菌丝、分生孢子在种子和病稻草上越冬。带菌种子播种后,可引起苗瘟;当气温回升到约20℃,天气降雨潮湿时,病稻草上的病菌即不断产生分生孢子,借风、雨水传播,使早稻秧苗或大田稻株发病。病株上的分生孢子可进行再次侵染。病菌随风飘落到稻株上,只要遇上水滴即可发芽,侵入稻株组织,吸收养分,破坏细胞,最短只要4天就可在侵入处看到病斑。

病菌分生孢子形成和侵入的最适温度为24~28℃,相对湿度92%以上,如遇低温、阴雨时,水稻生长嫩绿,易造成穗瘟大流行。北方单季粳稻区,7~8月正值雨季,气温上升到20~25℃时,一般叶穗瘟重;长江中下游双季稻区,5~6月为梅雨季节,8~10月常有秋雨、台风及寒流,于6月中旬至7月上旬及8月下旬至10月上旬往往形成两个发病高峰,一般晚稻重于早稻;华南双季稻区,4~6月持续阴雨,10月晚稻抽穗期降温多雾,一般早稻发病重于晚稻;西南云贵高原,一季中稻的分蘖期多为低温阴雨天气,发病较重;孕穗、抽穗期遇阴雨年份,常造成颈稻瘟流行。

【防治措施】 ①及时处理病谷、病稻草,以减少菌源。②种子处理的药剂有1%石灰水,10%的"401"抗菌素1 000倍液,或80%的"402"2 000倍液浸种48小时,或强氯精浸种,浸种后要充分洗净,再催芽。③施足基肥,根据苗情分期分次追肥,避免过量、过迟施用氮肥,适当增施磷钾肥。灌水要掌握浅水勤灌、干干湿湿。分蘖后期适时搁田,以促进稻株健壮,增强抗病力。④适时喷药保护。在移栽时,可用三环唑或稻瘟灵

700倍液浸秧5分钟,闷秧30分钟后移栽,可有效地抑制大田叶瘟的发生。大田期应在苗、叶瘟发病初期用药,及时扑灭发病中心。穗颈瘟应在破口始穗期和齐穗期各用药1次。对生长嫩绿、多肥贪青的田块,在灌浆时再用药1次。常用药剂有40%富士1号或稻瘟灵700倍液,20%三环唑可湿性粉剂每亩100～150克,均有较好的防治效果。

稻纹枯病

稻纹枯病又名烂脚、花脚,是水稻上的主要真菌病害之一,我国各稻区均有发生,尤以长江流域和南方稻区发生最为普遍。杂交稻施氮肥量增加,稻株分蘖多,茎叶繁茂,田间更为荫蔽,有利于稻纹枯病的发生和发展。一般轻病田块减产5%～10%,重病田块可减产20%～30%,或更高。

【症　状】　稻纹枯病是一种高温高湿的病害,一般在分蘖末期开始发生,圆秆拔节到抽穗期盛发,主要为害叶鞘及叶片。发病初期,先在近水面的叶鞘上产生暗绿色水渍状斑点,后逐渐扩大成椭圆形或云波状,边缘绿色,中部淡褐色或灰白色。病斑多时,常数个融合成不规则云纹斑块,引起叶片枯黄。高温高湿时,病部长出白色蜘蛛网状的菌丝体,先聚缩成白色菌丝团,后变成黑褐色的菌核。湿度大时病斑表面产生一层白色粉状子实层,即病菌的担子和担孢子。

【发病及流行特点】　病菌主要以菌核在土壤中越冬,也能以菌丝和菌核在病稻草、田边杂草及其他寄主上越冬。春耕灌水耕耙后,越冬菌核飘浮于水面,插秧后菌核附在稻丛近水面的叶鞘上。当气温达15℃时菌核萌发长出菌丝,通过稻株气孔或直接侵入表皮,在植株组织内不断向四周水平扩展或上下垂直扩展,形成病斑。

过多或过迟追施氮肥,水稻徒长嫩绿;灌水过深,排水不良,造成通风透光差,田间湿度大,从而加速菌丝的伸长和蔓延。25～32℃时,发病最盛。矮秆多穗型品种分蘖多,叶片密集,容易感病。华南北部稻作区,一般早稻病情重于晚稻;华南南部稻作区,晚稻重于早稻,但中稻的病情趋势比晚稻重;长江上游稻作区,中稻重于早稻,早稻重于晚稻;长江中下游稻作区,早稻重于晚稻,中稻比早稻轻比晚稻重;北方稻区,发病迟而缓慢,局部为害严重,大面积受害轻,流行期最短。

【防治措施】

(1)清除菌源:在秧田或本田翻耕、灌水、耙田时,大多数菌核浮于水面,用簸箕打捞晒干烧毁或就地深埋,并结合积肥铲除田边杂草,以减少菌核来源。

(2)合理密植,施足基肥:根据苗情适施追肥,做到氮磷钾肥相配合,农家肥与化肥,长效肥与速效肥相配合。

(3)药剂防治:当穴发病率达20%～30%或病害在水平扩展阶段时施药最好,常用的农药有5%井冈霉素水剂每亩200～250毫升或20%井冈霉素粉剂每亩100克,或50%多菌灵可湿性粉剂每亩100克加水50升喷雾,均可收到一定的防治效果。

稻白叶枯病

稻白叶枯病俗称白叶瘟,是水稻常见的主要细菌性病害之一。我国除新疆外,其他各省(区)都有发生。一般杂交稻重于常规稻,近年来,随着南繁制种的频繁调运,带病种子的扩散,病害逐步蔓延。受害后一般减产二三成,严重的达五六成,凋萎型白叶枯病造成的损失更重。

【症 状】 稻白叶枯病主要为害叶片,田间常见的症状有下列几种类型:

(1)叶缘型:病斑一般从叶尖的两侧或叶缘的一侧发生,

也可从叶片任何部位的伤口发生,初现暗绿色水渍状短侵染线,后呈暗褐色。早晚露水未干时病斑表面常可见到黄白色混浊的水珠状菌脓,干燥后呈蜜黄色,似鱼子状。

(2)中脉型:病斑先在叶片的中脉部位出现。初为淡黄色,逐渐变成枯黄或枯白色。病斑由中脉向上下两端发展,而中脉两侧仍保持绿色。

(3)青枯型:感病植株的叶片呈现失水青枯,没有明显的病斑边缘,往往是全叶青枯;病部青灰色或灰绿色,叶片边缘略有皱缩或卷曲,在茎基部或病叶叶鞘内,可见到大量菌脓。

(4)凋萎型:幼苗卷叶失水青枯或缩叶失水青枯。此症状多出现于秧田后期至本田拔节期,尤以移栽后 15~20 天出现最多。病株心叶或心叶下一叶首先呈现失水现象,随后纵卷枯萎,似螟害造成的初期"枯心"。剥开青卷的心叶可见大量黄色菌脓,或出现褐色不透明的短条斑。用手挤压病株的茎基部,也有大量黄色菌脓流出。

【发病及流行因素】 传播病害的主要来源是带菌种子,其次是未腐烂的病稻草,李氏禾等田边杂草也可能传病。在病稻草、病谷和病稻桩上越冬的病菌,翌年播种后,只要遇上雨水,便可随水传播到秧田侵入秧苗而发病。病菌可从水孔、伤口侵入,亦可从新根生长时造成的微小伤口侵入。病株体内的病菌,经增殖和积累后从叶片水孔排出菌脓,借风雨飞溅,或被雨水淋洗后随灌溉水流窜,不断进行再传播,扩大蔓延。通常植株自分蘖末期至抽穗阶段最易感病,尤其是高温、高湿、多雾和台风暴雨的侵袭,能引起病害的严重发生。最适发展温度为 26~30℃,高于 33℃或低于 17℃,病害发展受抑制。长期灌深水或稻株受淹则病害重,偏施氮肥,追肥过迟或过多,亦有利于病害的发展。一般籼稻较粳稻抗病,而粳稻中窄叶品种又比阔叶品种抗病;早稻和晚稻比中稻抗病;中稻中又以杂交稻易感病。在海南稻田内,全年都可发生和传播病害,不存在病菌的越冬问题,因此,为终年发病区;南方双季稻病区,北纬22°～30°的江淮流域稻区,每年5～11月间发生,流行高峰在两季水稻的孕穗期;北方淮河流域的单季粳稻区于7～9月间才见发病,但病情较南方为轻。

【防治措施】

(1)选用抗病品种:积极选育和推广具有中等抗性兼丰产性状良好的组合,以减少发病的机会。

(2)严格进行植物检疫:确保无病区不引进有病种子,并建立无病留种田。

(3)消毒灭菌:结合积肥,将病稻草、病谷烧沤积肥,切忌用病稻草催芽、扎秧把。用1%石灰水、50倍液福尔马林浸种3小时,或用500单位的氯霉素液浸种48～72小时,均可收到良好的杀菌效果。

(4)改进栽培管理:选择地势较高,排灌方便的田块作秧田,实行浅水勤灌,适时晒田。施足基肥,早施追肥,增施磷钾肥和有机肥料,防止稻苗贪青徒长,诱发病害。

(5)药剂防治:宜于秧苗3叶期和移栽前各喷药1次。在本田期如发现有中心病团,应及时喷药,暴风雨后再喷药1次。常用农药有20%叶青双可湿性粉剂400～500倍液;10%叶枯净可湿性粉剂300～500倍液,均有一定防效。秧田每亩每次喷40～50升,本田每亩每次喷75～100升。

水稻细菌性条斑病

水稻细菌性条斑病是国内植物检疫对象之一,过去仅在华南、华中及华东部分地区零星发生,近年由于杂交稻的推广和南繁调种的频繁,加之检疫措施不严,致使此病逐步扩大蔓延。一般水稻发病后减产10%～20%,重的可达40%～60%,对我国南方杂交稻威胁较大。

【症　状】　水稻细菌性条斑病在水稻全生育期叶片上都可发生。病斑初呈暗绿色水渍状小点,后沿叶脉扩展,呈褐色半透明状细短条状斑。苗期症状比白叶枯病明显,病斑表面粘附许多蜜黄色球状菌脓,叶背面较多,干燥后不易脱落。叶片上的病斑可相互愈合成大块条斑枯死。病害流行时叶片卷曲,远望一片红褐色,发病后期变为黄白色。本病症状有时与白叶枯病较难区别。现列表对比如下:

水稻白叶枯病与水稻细菌性条斑病的区别

鉴　别	水稻白叶枯病	水稻细菌性条斑病
入侵途径	病菌多从水孔侵入,故病斑多在叶尖两侧叶缘首先发生	病菌多从气孔侵入,故病斑可在叶面任何部位发生
病斑外观	典型病斑为长条状枯死斑,病健分界明显,边缘波纹状,对光观察,病斑不透明	病斑为短而细的窄条斑,边缘不呈波纹状,对光观察,病斑半透明、水渍状
菌　脓	菌脓多产生在叶片边缘,数量较少,干燥后很易脱落	叶面条斑上菌脓很多,色深,干燥后也不易脱落
发生季节	秧苗期较少表现症状	水稻的任何生育期均可见到症状

【发病及流行因素】　病菌主要在病谷和病稻草中越冬,为翌年初次侵染源,土壤不能传带。病谷播种后,病菌侵染幼苗,移栽时又将病秧带入本田。如用病稻草催芽、覆盖秧板、扎秧把、堵塞涵洞或盖草棚等,病菌也会随水流入秧田或本田而引起发病。病菌侵染途径主要是气孔和伤口,有时亦可从机动细胞处侵入。病斑上的菌脓可借风、雨、露等传播,进行再次侵染。病菌侵入后5～9天出现症状。高温(25～30℃)、多雨、高

湿是病害流行的主要条件,特别是暴风雨或洪涝侵袭,造成叶片大量伤口,对病害发展更为有利。过多或偏晚施用氮肥可加重病害。此外,串灌、漫灌或长期灌深水,发病也较重。

【防治措施】 同稻白叶枯病。

稻曲病

稻曲病又名青粉病,属真菌性病害。过去很少发生,且危害很轻,一般不采取专门的防治措施。70年代后期,该病在江苏、浙江、安徽、江西等省逐年加重,继而蔓延至陕西、河北等省,已成为水稻生产上亟待解决的病害。水稻植株发病后,不仅破坏谷粒,而且影响穗重,污染稻米,不利于人体健康。

【症 状】 该病发生后,可在稻穗上明显地看到一颗颗玉米粒大的墨绿色或橄榄色粉包(孢子座和厚垣孢子)。病粒的剖面显示,中心为菌丝组织密集构成的白色肉质块,外围因产生厚垣孢子的菌丝成熟度不同,又可分为3层:外层最早成熟,呈墨绿色或橄榄色;第二层成熟次之,为橙黄色;第三层成熟更次,呈淡黄色。

【发病及流行因素】 稻曲病菌的菌核一般在地面过冬,厚垣孢子在病粒内或健粒颖壳上过冬。第二年七八月间,菌核萌发形成子座,在上着生子囊壳,其中的子囊孢子逐步成熟。此时厚垣孢子也可萌发产生分生孢子。子囊孢子和分生孢子都可借气流传播,侵染花器和幼颖。病菌早期侵害子房、花柱及柱头,后期侵入幼嫩颖果的外表和果皮,再蔓延到胚乳中,然后大量繁殖,形成孢子座。温度24～32℃时病菌发育良好,最适温度为26～28℃,34℃以上时不能生长。水稻在生长后期过于嫩绿和茂盛,抽穗开花期适逢降雨而湿度高,雨后又回暖高温,有利于病菌的发育。氮肥施得过多或田水落干过迟,或在稻株接近成熟时,叶片仍保持浓绿,则发病较重。

【防治措施】 浸种前进行种子消毒,同稻瘟病。对感病品种和前期生长嫩绿的田块以及头年发病重的田块,于孕穗期用第一次药,始穗期如果雨量多、日照少,则抢在雨前或雨间歇时施第二次药。常用农药有50%多菌灵或40%异稻瘟净乳剂,每亩每次用药100~150克,加水50升喷雾;亦可用40%胶氨铜500倍液或3%井冈霉素600倍液喷雾,均有一定防效。

稻粒黑粉病

稻粒黑粉病又名墨黑粉病,俗称乌米谷、黑粉谷。过去在常规稻上虽有轻度发生,但未造成重大损失。自推广杂交稻以来,此病发生较为普遍,特别是制种田,一般损失一二成,严重的达八成。该病在某些地区已成为杂交稻制种田的严重威胁。

【症 状】 稻粒黑粉病属真菌性病害。水稻黄熟时才易发现。病菌侵害稻穗的单个谷粒,1~5粒不等,严重的可达数十粒。病粒外表污绿色或污黄色,内部隐约显示有黑色物,常在颖外散出大量黑色粉末,或在颖的一部分所生的裂缝处长出黑色舌状突起物,最初稍带粘性,破裂后散出黑色粉末。若病谷局部受害,胚仍然完整时,仍可发芽,仅幼苗弱小而已。

【发病及流行因素】 病菌以厚垣孢子在土壤、种子内外和畜禽粪肥中越冬,其中以土壤表面为主。翌年水稻开花、灌浆时期,病菌萌发,并随风飞散,侵害水稻花器、子房或幼嫩的谷粒。病菌(菌丝)在谷粒内蔓延,致使米粒不能形成,后期病菌(厚垣孢子)在病粒内或因病粒破裂而沾附到附近的健粒上,或落入土中越冬。水稻从抽穗到乳熟期,特别是开花到乳熟期最易感病。这一时期如雨水多,空气湿度高,有利于病菌的萌发和侵入而诱发此病。

【防治措施】 ①选用抗病组合,不到病区调种,严行检疫措施。②结合盐水选种,淘除病粒。用2%福尔马林浸种3小时,以消灭种子表面的病菌。③及时处理病稻草,以防传播蔓延。注意氮磷钾肥的搭配使用,不偏施、迟施氮肥,以防水稻倒伏和徒长。④药剂防治,在水稻始穗和齐穗期,用20%三环唑可湿性粉剂每亩100克,加水50~60升喷雾。

稻叶鞘腐败病

稻叶鞘腐败病是水稻常见的真菌性病害,过去仅在常规稻上零星发生。近年在杂交稻的制种田内发生较为普遍而严重,一般损失二成左右,已成为杂交稻制种上的一大问题。

【症 状】 叶鞘腐败病多发生在剑叶的叶鞘上,亦有发生在剑叶下的叶鞘上。初为暗褐色的斑块,逐渐扩展为虎纹斑状的大形斑纹。病斑边缘暗褐色或黑褐色,中间色较淡。严重时,病斑扩大到整个叶鞘,使幼穗全部或局部腐败,形成半抽穗或不抽穗。剥开病穗苞,可见颖壳及叶鞘内壁生有粉红色的霉,即病原菌的分生孢子梗和分生孢子。

叶鞘腐败病与纹枯病颇相似,但可从病斑加以区别:纹枯病的病斑呈云纹状,灰白色,主要在水稻茎秆上,严重时才达到剑叶或穗部;叶鞘腐败病的病斑形似虎斑,斑纹相间明显,且多危害剑叶叶鞘和幼穗。水稻生育后期,两者常与穗瘟三者混合发生。

【发病和流行因素】 叶鞘腐败病病菌以菌核在病稻草上和田土中越冬。当气温30℃、相对湿度70%左右时便萌发为菌丝。菌丝随种子萌发而侵入幼芽,继而进入生长点,随着水稻的生长发育,病菌就逐渐侵入柔嫩的穗苞叶鞘上,几天之内即可使整个剑叶叶鞘和残留的叶片变褐腐烂。

在杂交稻制种田内剪叶剥苞和扬花期拉绳传粉等措施,均能造成大量伤口,这时若遭到黄萎病毒的为害,将给病菌的侵入提供有利的条件。孕穗期遇到阴雨连绵,可导致病害的严重发生;偏施、迟施氮肥的田块容易发病;孕穗期受到螟害,更易感染。

【防治措施】 ①妥善处理病稻草,作堆肥的病稻草要充分腐熟后才能使用。②加强田间管理,避免偏施或迟施氮肥,适当增施磷钾肥。适时排水晒田,增强植株抗病力。在杂交制种田内,尽量做到不剪叶,不剥苞,必要时亦要待露水干后进行。③常用的药剂有50%多菌灵可湿性粉剂1 000倍液,70%托布津可湿性粉剂1 500倍液,或50%异稻瘟净乳油600倍液。一般在孕穗期,特别是剪叶剥苞后1~2天内喷药。

病 毒 病

我国稻田常见的病毒病,主要有黄矮病、普通矮缩病、暂黄病和黄萎病。其中发生面积大、危害严重的有黄矮病和普通矮缩病两种,主要分布在长江中下游各稻区,是南方稻区的重要病害,常大面积流行为害。普通矮缩病除为害水稻外,还可为害麦类、黍、游草、狗尾草、看麦娘等。

【症 状】

(1)黄矮病:主要特征是矮缩,花叶,黄枯,株型松散,叶肉黄色,掺杂有碎绿斑块,呈条状花叶,而叶鞘仍为绿色。重病时叶片平展或下倾,后期枯黄卷缩。分蘖期发病,以顶叶下第二叶为主。拔节后发病,则以剑叶或剑叶下一叶为主。发病时,先在叶尖微呈黄绿色,不久即现黄色,并杂有碎绿斑块,然后向叶片的中部或下部扩展。苗期发病,植株多严重矮缩,不分蘖,须根短小,黄褐色,根毛少,易早期枯死。分蘖期发病,抽穗期推迟,结实差。病株色泽随品种而异,矮秆籼型大多为金黄色,条斑花叶明显;粳稻大多为橙黄色,条状花纹不甚明显;籼型杂交水稻为黄褐色;糯稻多为鲜黄色或淡黄色。

(2)普通矮缩病:主要特征是病株明显矮缩,不到健株的一半,分蘖增多,叶色浓绿,叶片僵硬,在叶片和叶鞘的叶脉间有排列成行的白色断续条点。感病早的不能抽穗,后期感病的虽能抽穗,但穗短,空壳多。

【发病及流行特点】 黄矮病传媒介体为3种黑尾叶蝉。种子和土壤均不传病。本病属非持久性病毒,不经卵传染。水稻自苗期至始穗期均能感染发病,但以分蘖期最易感病。早稻发病季节,广东在6月上中旬,浙江、湖北在6月中下旬。晚稻发病季节,广东、广西、湖南、湖北、福建均有两个高峰,第一个高峰在8月中下旬,第二个高峰在9月中旬至10月上旬。江西、浙江籼稻在8月下旬,粳稻在9月上中旬。

普通矮缩病主要由黑尾叶蝉传播。分蘖期前最易感染,拔节后就逐渐抗病。在长江中下游一带,一般于5月上旬早稻本田始见发病,5月下旬病株增多,6月初达发病高峰;晚稻秧田期,即可大量发病,本田期以分蘖至圆秆拔节期为发病高峰,乳熟期发病基本停止。本病侵染循环与黄矮病不同之处是病毒能经黑尾叶蝉卵传递,所以早稻上繁殖的第一代虫和晚稻上繁殖的第四代虫,均可成为第二次侵染源。

【防治措施】 ①利用冬季消灭黑尾叶蝉的寄主——看麦娘,断绝黑尾叶蝉的食料。②科学管理肥水,增施磷钾肥,避免偏施氮素化肥。适时排水露田,增强稻株的抗(耐)病力。一旦发现秧田病苗,及早拔除。③秧田在成虫迁入盛期至拔秧前喷药防治1~2次;大田可在若虫盛孵期或水稻分蘖期喷药防治1~2次。常用药剂为50%杀螟松乳油150克,40%乐果乳剂100克,或80%敌敌畏乳油75克,对水60升喷雾。近年来,各地采用内吸性强、残效期长的农药,如呋喃丹、巴丹等进行防治,均收到良好效果。

二、杂交稻的主要虫害防治

二 化 螟

二化螟俗称钻心虫。长期以来一直是水稻的主要害虫。自70年代中期推广种植杂交稻后,除华南部分稻区仍以三化螟为害为主外,长江流域广大稻区,二化螟呈明显上升,为害逐年加重,已成为杂交稻上最重要的害虫。二化螟以幼虫蛀食水稻幼嫩组织。为害分蘖发棵期水稻,造成枯鞘和枯心;为害孕穗和抽穗期水稻,造成死孕穗或白穗;为害乳熟期水稻,造成虫伤株。被害严重时容易倒伏。

【形态特征】

(1)成虫:为灰黄色中型蛾子,前翅近长方形。雄蛾前翅颜色较雌蛾深。

(2)卵:卵粒排列成鱼鳞状卵块,长条形,初产时乳白色,近孵化时变为紫黑色。

(3)幼虫:初孵幼虫身体淡黑色;老龄幼虫淡褐色,背部有5条紫褐色纵线。

(4)蛹:圆筒形,棕褐色。腹部背面隐约可见5条纵线。

【发生规律】 二化螟食性较杂,除为害水稻外,还为害茭白、甘蔗等作物。以幼虫在寄主植物的茎秆和根茬中越冬。

二化螟在华化、东北稻区,1年发生2代;长江中下游稻区,1年发生3~4代。双季稻区,第一代幼虫盛孵于5月中下旬,为害杂交稻和常规稻的早中稻的分蘖秧苗,造成枯鞘和枯心。第二代幼虫盛孵于6月底至7月上旬,为害早稻穗期,造成虫伤株和枯孕穗,特别是为害迟熟早稻,造成白穗。在杂交中稻地区,第二代常推迟到7月中下旬。第三代幼虫盛孵于8月上中旬,为害晚稻苗期,尤其是早插的晚稻分蘖期,受害较重。部分第四代幼虫,孵化于9月中下旬,与第三代幼虫同时为害晚稻穗期,造成虫伤株、枯孕穗或少量白穗。

【防治措施】

(1)减少越冬虫源:冬季翻耕稻田,拾毁残存稻桩和铲除田边茭白残株等。绿肥留种田于4月份二化螟大量化蛹期间,及时灌水2～3天,可淹死部分化蛹虫源。

(2)种植诱杀田:利用螟蛾趋绿的习性,在稻田区域内提早栽插少数田块,诱集螟蛾在这些田块秧苗上产卵,再集中防治,以减少大部分稻田的着卵量。

(3)药剂防治:是控制二化螟的重要手段。在5月中下旬对寄栽秧田和早栽本田,当枯鞘率达到5%左右时,用农药普治或挑治,可选18%杀虫双水剂,每亩150克对水50升喷雾,或用5%杀虫双颗粒剂,每亩1～1.5千克撒施,用B.t.乳剂加杀虫双,每亩各用100克加水喷雾,或用敌马合剂、杀螟松、三唑磷等。

三 化 螟

三化螟俗称钻心虫,是我国南方稻区的主要害虫。由于耕作制度的变革,在一段时期内,长江流域大部分地区三化螟发生量明显下降,但随着杂交稻种植和免耕面积扩大,有些地区又有回升的趋势。三化螟以幼虫在分蘖期造成枯心,孕穗抽穗期造成大量白穗,严重田块减产可达40%以上。

【形态特征】

(1)成虫:为中型蛾子,黄白色,前翅中央有一明显黑点。雄蛾灰褐色,翅顶到后缘有一列黑褐色斜纹。

(2)卵:卵块为椭圆形,表面盖有棕色鳞毛,好像半粒发霉的黄豆。

(3)幼虫:初孵幼虫,体灰黑色;老熟幼虫黄白色或淡黄色,背中央有1条绿色纵线。

(4)蛹:圆筒形,淡黄绿色。

【发生规律】 三化螟食性单一,只为害水稻,虽在陆稻和野生稻上有所发现,但数量极少。三化螟以幼虫在稻桩中越冬。

三化螟在赣南、粤北、桂北等稻区,1年发生4代和部分5代;在云、贵、川半高山区1年发生2代;江苏、安徽北部、河南南部1年发生3代;湖南、湖北、江西等地1年发生4代;海南1年发生6~7代。春天气温回升到16℃以上时,越冬幼虫开始化蛹。越冬代成虫发生期的迟早,决定于当时的气温高低。杂交稻早插,叶色嫩绿,叶大茎粗,易诱集成虫。卵块多产在叶片正面,穗期还可产在叶鞘外侧。每头雌蛾产卵1~5块。初孵蚁螟多从叶鞘近水面的部位侵入,造成枯心苗。在田间1个卵块造成1个枯心团。幼虫有转株为害的习性。水稻孕穗期是蚁螟最易侵入为害的危险期,蚁螟从剑叶苞鞘蛀入,并咬断穗秆基部,造成白穗,田间出现白穗团。水稻圆秆期和抽穗以后,茎秆组织坚硬,蚁螟难以蛀入。

【防治措施】

(1)压低越冬虫口基数:方法同二化螟。

(2)避螟栽培:根据本地区三化螟主害代的螟卵盛孵时期和主栽杂交稻组合的生育期,利用调节播种期的方法,使孕穗期与螟卵盛孵期错开,从而达到避螟的目的。

(3)药剂防治:与二化螟基本相同。但防治时期更要抓住卵块盛孵期用药。在双季稻种植区要挑治第二代,狠治第三代。在单、双季稻混栽区要狠治2代桥梁田,重点防治第三代,挑治第四代。三化螟在杂交稻秧苗上可以完成世代,而且数量较大,侵入率高,因而要特别注意晚稻秧田的防治。

大 螟

大螟俗名也叫钻心虫,是一种杂食性害虫,除为害水稻外,还为害玉米、甘蔗、茭白、高粱等作物。在我国种植杂交稻的大部分地区,尤其是长江流域,大螟群体数量不断上升,为害逐年加重,成为杂交稻上的主要害虫之一。大螟与二化螟一样,幼虫在水稻分蘖期造成枯鞘、枯心,孕穗和抽穗期造成枯孕穗和白穗,抽穗后造成半枯穗和虫伤株,对产量影响很大。

【形态特征】

(1)成虫:为淡褐色蛾子,身体较肥大,头部下端口器退化。翅短阔,中央有褐色纵线纹。

(2)卵:卵粒扁圆形,一般由2列或3列卵粒排成长条形的卵块。常产在叶鞘内侧。

(3)幼虫:身体粗壮,紫红色。

(4)蛹:体肥大,褐色,头、胸部常有白粉状分泌物。

【发生规律】 大螟以幼虫在稻兜、茭白等残株及其他寄主植物中越冬,冬季天晴暖时,还可取食。成虫喜在茎秆粗壮、叶色浓绿和叶鞘松散的水稻上产卵,尤喜在田边稻株上产卵。在湘西、四川等山区是为害玉米的主要害虫。大螟在云南、贵州及四川西北部山区一带1年发生2代;河南、江苏南通以北、四川成都地区等1年发生3代;湖南、湖北、江西、浙江等地1年发生4代;台湾等省1年发生6~7代。食性较杂,发生期不整齐,世代重叠。在湖南滨湖地区严重为害双季晚稻,以第三代发生量最大,往往造成杂交晚稻的严重受害。在四川一些地区,第一代主要为害玉米,第二代为害水稻,成为杂交稻夏季制种田的主要害虫。第三代为害玉米和晚稻,也是川东一带秋季制种田的主要害虫。

【防治措施】 ①越冬防治,同二化螟。②拔除第一代玉米受害株,减少第二代转入为害水稻的虫量。③药剂防治,根据大螟喜在田边数行稻苗上产卵的习性,在卵块盛孵始期田边需重点防治,消灭初孵蚁螟。对螟害重的田块约隔1周施1次药,连续2次,可收到很好的防治效果。使用药剂种类及方法,可参考二化螟的防治方法。

稻纵卷叶螟

稻纵卷叶螟俗称卷叶虫、白叶虫。原为局部间歇性发生的害虫,70年代以来,在南方大部分稻区连年大发生。水稻受害后,一般减产一二成,严重时减产达三成以上。

【形态特征】

(1)成虫:为小型蛾子,灰黄色或黄褐色。前翅外缘有一褐色宽带,翅中部有黑色横纹2条,两横纹间有1条黑色短横纹。雄蛾尾端向上翘起,像船舵,前翅前缘中央有一黑蓝色毛疣。

(2)卵:很小,扁平,椭圆形,散产在叶片正反面。

(3)幼虫:黄绿色,常将稻叶纵卷,藏身于卷叶内咬食叶肉,中后胸背面各有8条黑褐色毛瘤。

(4)蛹:略成圆筒形,棕褐色。体外有白茧。

【发生规律】 稻纵卷叶螟主要为害水稻,也能取食一些禾本科杂草。成虫具有远距离迁飞特性。在我国北纬30°以南地区有少量越冬。1年各地的发生代数由于迁入时期早晚不同而差异较大。如河北、山东北部为2～3代;河南信阳,长江中下游如湖北、安徽、江苏、上海及浙江北部为4～5代;湖南、江西、浙江南部为5～6代;福建、广东、广西为6～7代;海南省的陵水县为10～11代。

成虫具有趋光性和趋绿喜阴湿的特性。杂交稻田虫量多,受害重。

在四川,为害杂交稻的纵卷叶螟有 2 种:一种是稻纵卷叶螟,另一种是稻显纹纵卷叶螟。川东、川南前期为稻显纹纵卷叶螟,后期为稻纵卷叶螟。川西主要是稻显纹纵卷叶螟,在本地以蛹越冬,1 年发生 3～4 代,严重为害晚稻和迟熟中稻。

【防治措施】

(1)农业防治:合理施肥,控制水稻苗期猛发旺长、后期贪青,增强水稻的耐虫性,减少受害损失。

(2)生物防治:保护自然天敌,增加卵寄生率。以菌治虫,目前采用 B.t. 乳剂防治,效果较好。

(3)药剂防治:应狠抓主害代的药剂防治。用药适期一般掌握在 2 龄幼虫盛发期。常用农药有:18%杀虫双水剂每亩 150 克,或 50%杀螟松乳油每亩 100 克,或 50%甲胺磷乳油每亩 100 克,或 90%乙酰甲胺磷每亩 40 克,分别加水 60 升喷雾。一般在傍晚喷药效果较好。

稻 飞 虱

稻飞虱俗称蠓虫,在田间常与稻叶蝉混合发生,是我国水稻的主要害虫。我国危害水稻的飞虱主要有褐飞虱、白背飞虱和灰飞虱 3 种。

【形态特征】

(1)成虫:稻飞虱有长翅型和短翅型之分。

褐飞虱的长翅型,体褐色,有光泽;短翅型体褐色,雌虫腹部特别肥大。

白背飞虱的长翅型,体灰黄色,胸背中央有一块长五角形白斑或黄色斑;短翅型体灰黄色或灰黑色,身体后端较尖削。

灰飞虱的长翅型,体浅褐色或灰黑色;短翅型雌成虫体淡褐或灰褐色,个体比前两种飞虱要小。

(2)卵:3 种飞虱的卵均产在水稻的叶鞘组织内。一般 3～

5粒成排排列。

（3）若虫：3种若虫均分为5个龄期。褐飞虱体呈褐色，腹背上有1对乳白色大斑点。白背飞虱有数对云白色的不规则斑纹，尾部尖削。灰飞虱体为灰黄色。

【发生规律】 褐飞虱、白背飞虱均为远距离迁飞性害虫。在我国北纬25°以南地区有零星越冬虫源。春季南方早稻上的褐飞虱、白背飞虱多为4～6月从中南半岛等地（如越南、泰国、柬埔寨等国）迁飞来的。在南方早稻上繁殖2～3代，随着早稻成熟，借西南风或南风向长江中下游稻区和北方稻区迁入，繁殖为害。迁飞方向随当时的高空风向而定，降落地区基本上与我国的雨区从南向北推移相吻合。

我国各稻区由于地理位置不同，稻飞虱迁入的时期差异较大，发生代数也有所差异。如广西、广东4～6月上旬迁入，在早稻上为害高峰期为5月下旬至6月下旬，在晚稻上为害高峰期为9月中旬至10月中旬，1年发生7～8代；湖南、江西等地5～6月为迁入盛期，早稻以6月中旬至7月中旬为受害盛期，晚稻为9月中旬至10月上旬受害最重，1年发生6～7代；浙江、江苏等省6月下旬至7月下旬为迁入高峰，早稻在7月上中旬受害，晚稻在9月中旬至10月上旬受害，1年发生5代左右；江苏的一季晚稻区，以8月上旬至9月中旬受害最重；四川稻区，在川东地区以6月至7月中旬为迁入高峰，7月中旬至8月中旬为受害盛期，1年发生4～5代，川西、川北地区除个别年份如1991年迁入虫量较大外，一般年份迁入虫量较少。

褐飞虱、白背飞虱常混合发生为害，成虫有趋光性和趋绿习性。发生程度主要取决于迁入虫量的多少。在四川东部地区夏季多雨、伏旱不明显的年份，迁入虫量多，受害程度重，伏旱时期长,一般发生程度偏轻。在一些地区发生程度还与品种、施肥量、栽植密度和天敌数量等有一定关系。如目前种植的杂交水稻组合最感白背飞虱;汕优46,威优64等中抗褐飞虱。偏施氮肥,栽插密度大,深灌水的稻田发生程度重。

云南中、高山稻区,稻田湿度大,白背飞虱发生为害,常引起烟霉病发生。

灰飞虱在云南稻区和北方稻区为害水稻,常引起条纹叶枯病的流行。

【防治措施】

(1)选用抗虫良种:目前推广的杂交稻抗褐飞虱的组合有:汕优10,威优64,汕优64,汕优桂33,汕优桂8,威优35,汕优56,新优6号,汕优1770等。常规稻抗褐飞虱的品种有:665,南京14,丙1067,嘉45等。

(2)健身栽培:主要指合理密植,实行配方施肥,浅水灌溉。

(3)保护天敌:蜘蛛、黑肩绿盲蝽和多种缨小蜂均为稻飞虱的重要天敌,在多种农事操作中要加以保护,不要使用剧毒农药如甲胺磷、久效磷等。

(4)合理使用农药:根据飞虱测报,成若虫1 000~1 500头/百丛时作为防治指标。目前推广的虱纹灵、扑虱灵,对稻飞虱有特效和长效,对天敌杀伤少,对人畜低毒。虱纹灵每亩用药1包(35克),兼治纹枯病;25%扑虱灵可湿性粉剂每亩用25~30克,加水50升喷雾。此外,叶蝉散、速灭威、巴沙等均有速效作用,但药效期较短。

稻苞虫

又名稻弄蝶、苞叶虫。主要为害水稻,也为害多种禾本科杂草。幼虫吐丝缀叶成苞,并蚕食,轻则造成缺刻,重则吃光叶片。严重发生时,可将全田,甚至成片稻田的稻叶吃完。

【形态特征】

(1)成虫:为中型蛾子。体及翅均为黑褐色,并有金黄色光泽。翅上有多个大小不等的白斑。

(2)卵:半圆球形,散产在稻叶上。

(3)幼虫:幼虫两端较小,中间粗大,似纺缍形。老熟幼虫腹部两侧有白色粉状分泌物。

(4)蛹:近圆筒形,体表常有白粉,外有白色薄茧。

【发生规律】

稻苞虫种类较多。在我国主要发生为害的为直纹稻苞虫,局部地区间歇性严重发生。南方稻区幼虫通常在避风向阳的田、沟边、塘边及湖泊浅滩、低湿草地等处的李氏禾及其他禾本科杂草上越冬,或在晚稻禾丛间或再生稻下部根丛间、茭白叶鞘间越冬。

成虫昼出夜伏,白天常在各种花上吸蜜,卵散产在稻叶上。所以,在山区稻田、新稻区、稻棉间作区或湖滨区大量发生,为害较重。

直纹稻苞虫在广东、海南、广西1年发生6~8代;长江以南,南岭以北如湖北、江西、湖南、四川、云南1年发生5~6代;长江以北1年发生4~5代;黄河以北1年发生3代;辽宁1年发生2代。

在湖南、江西、四川、贵州、湖北等地的一季中稻区,稻苞虫的主害时期在6月下旬到7月份,尤其对山区中稻为害较重。在湖滨地区的一季晚稻也常会遭受较大面积的为害。

【防治方法】

(1)人工捕杀:在幼虫为害初期,可摘除虫苞或水稻孕穗前采用梳、拍、捏等方法杀虫苞。

(2)药剂防治：一般防治螟虫、稻纵卷叶螟的农药，对此虫也有效，故常可兼治。若发生量较大，需单独防治时，对3龄前幼虫，每亩每次可用18％杀虫双水剂100～150克喷雾，或用2.5％甲敌粉2～2.5千克喷粉；3龄后幼虫，可用90％敌百虫100～150克，或50％杀螟松乳油100克，或50％辛硫磷100克加水50～60升喷雾。也可用B.t.乳剂每亩200克对水50升喷雾防治。由于稻苞虫晚上取食或换苞，故在下午4点以后施药效果较好。施药期内，田间最好留有浅水层。

三、杂交稻田草害的防治

杂交稻田的草害与常规稻田的草害一样，在秧田期和大田期均有发生。杂草种类和危害性各地区有较大的差异。现介绍江浙一带的情况，供其他地区参考。

(一)杂草种类 秧田期杂草主要是稗草，其次是碎米莎草、球花碱草、扁秆藨草、牛毛草、节节草、鸭舌草、眼子菜、水竹叶等。这些杂草的发生时间略有差异，如稗草、球花碱草、碎米莎草、牛毛草，一般在播种塌谷后1周发生；扁秆藨草、眼子菜等，要在播后10天左右才萌芽。稗草的萌发与气温有密切关系，14℃以下时，在秧板表层的稗草种子，10天后才有80％萌发。所以，两熟制早稻秧田稗草的发生往往很不整齐。

(二)杂草发生规律 移栽稻田的杂草有两次发生高峰。第一次是插秧后7～10天，稗草和莎草科杂草相继发生；插秧后15～20天，阔叶杂草如鸭舌草、瓜皮草、节节草、陌上菜、野慈姑、眼子菜、丁香蓼等，陆续破土萌发。第一次发生高峰，杂草萌发比较同步，时间较为集中，为化学除草提供了施药良机。第二次高峰在稻苗分蘖末期，是搁田之后的复水时期。如果在前期应用除草剂效果比较好，稻苗封行早，分蘖旺盛，则第二次发生高峰,就不十分明显。如果土壤中杂草种子蕴藏量大,前期杂草未能有效地控制,或者只防除了稗草和莎草科杂草而忽视了对阔叶杂草的防除,反而会助长第二次杂草发生高峰。

(三)除草剂的使用方法 目前在秧田和本田前期使用的除草剂种类很多,尤其是复配稻田除草剂品种各地推广不一。秧田期常用50%杀草丹乳油,每亩150～200毫升或精除草丹乳油75～125毫升,加水35～40升,在秧苗1.5～2叶期喷雾,或用60%丁草胺乳油75～100毫升,拌15～20千克砂土,在秧苗1.5～2叶期撒施或者用5%丁草胺颗粒剂0.8～1千克,拌入少许砂土撒施。本田前期常用的除草剂有:60%丁草胺乳油75毫升加20%二甲四氯水剂100～125毫升,或60%丁草胺乳油75毫升加排草丹水剂100～125毫升,或60%丁草胺乳油75毫升加10%农得时可湿性粉剂7.5～10克以及目前推广的苄乙甲复配剂等。上述配方均在稻苗移栽后3～5天,当返青时加水35升喷雾。喷雾时要求排水喷雾,药后1天灌入田水并保持3～5天。也可用毒土法或结合头遍追肥,将肥药混施,施药时保持田水。

各地推广的稻田除草复配剂,主要有:广西的草绝,江苏的秧草净、稻草敌、霸星、百草净、秧田清,浙江的伏草星、农得益等。

在此要强调的是,使用除草剂防除稻田杂草,必须严格按照使用说明书上规定的用量、方法使用。不得任意加大用量,否则,将会产生药害,造成不可挽回的损失。

四、农田鼠害的防治

近年来,因滥用杀鼠药和广泛捕杀老鼠的天敌,如蛇、猫头鹰、猫类，加上老鼠本身的适应能力增强、繁殖快，使鼠害日益猖獗，是仓贮和农田的大害。农田害鼠主要种类有：黑线姬鼠、黄毛鼠、褐家鼠、黄胸鼠、小家鼠、臭鼩鼱、灰麝鼩、社鼠等。各地的优势种不尽相同，但常以黑线姬鼠为主。

农田鼠害全年取食为害有3个高峰，第一高峰在4～5月份，早稻、单季稻播种和麦类孕穗抽穗期，造成稻种被吃或麦穗咬断。第二高峰在6～7月份，晚稻播种期及早稻孕穗抽穗期，稻种被吃或幼穗和穗子被咬食。第三高峰在10～11月，咬食晚稻稻穗和麦种。

根据老鼠密度的季节高峰、雌鼠怀孕高峰和年龄结构等，再结合当时田间的食料条件，从战略上考虑，1年中灭鼠最好时间为2～3月份。但必须在较大范围（室内和室外）内进行灭鼠，防治效果才好。

常用毒饵诱杀，其鼠药有磷化锌1％，或0.07％敌鼠钠盐，或0.5％溴代毒鼠磷（又称溴敌隆）。饵料可选用小麦或大米均可。一般用小麦50千克加1千克油菜作粘着剂，拌入上述鼠药的1种，饵料拌好后闷堆6小时后再行投放。采用1次投毒法，即每堆投放毒饵（如麦粒）100～200粒，野外可放在田埂边或鼠洞旁，室内则放在房角落、家具下面、楼阁等老鼠经常活动的地方。在投放毒饵期间要管理好家禽和猫、狗等。死老鼠要挖坑埋掉。（参看金盾版《农业鼠害防治指南》）

**金盾版图书，科学实用，
通俗易懂，物美价廉，欢迎选购**

农家科学致富400法（第三次修订版）	40.00元	城郊农村如何维护农民经济权益	9.00元
科学养殖致富100例	9.00元	城郊农村如何办好农民专业合作经济组织	8.50元
农民进城务工指导教材	8.00元	城郊农村如何办好集体企业和民营企业	8.50元
新农村经纪人培训教材	8.00元	城郊农村如何搞好农产品贸易	6.50元
农村经济核算员培训教材	9.00元	城郊农村如何搞好小城镇建设	10.00元
农村规划员培训教材	8.00元	城郊农村如何发展畜禽养殖业	14.00元
农村气象信息员培训教材	8.00元	城郊农村如何发展果业	7.50元
农村电脑操作员培训教材	8.00元	城郊农村如何发展观光农业	8.50元
农村企业营销员培训教材	9.00元	农村政策与法规	17.00元
农资农家店营销员培训教材	8.00元	农村土地管理政策与实务	14.00元
城郊农村如何搞好人民调解	7.50元	农作制度创新的探索与实践论文集	30.00元
城郊村干部如何当好新农村建设带头人	8.00元		

　　以上图书由全国各地新华书店经销。凡向本社邮购图书或音像制品，可通过邮局汇款，在汇单"附言"栏填写所购书目，邮购图书均可享受9折优惠。购书30元（按打折后实款计算）以上的免收邮挂费，购书不足30元的按邮局资费标准收取3元挂号费，邮寄费由我社承担。邮购地址：北京市丰台区晓月中路29号，邮政编码：100072，联系人：金友，电话：(010)83210681、83210682、83219215、83219217（传真）。